大展好書　好書大展
品嘗好書　冠群可期

大展好書　好書大展
品嘗好書　冠群可期

熱門新知 8

再生醫療的構造與未來

才園哲人／著
施聖茹／譯

品冠文化出版社

人類具有多強的再生力？——前　言

蜥蜴會自動斷尾逃離敵人，斷掉的尾巴能夠再生而恢復原狀。類似水蛭的扁形動物片蛭，身體的任何部分斷掉後，還是能夠再生。大型山椒魚的身體，同樣也能從「半裂」的狀態再生，恢復原狀。

自古以來，人們就對這類生命力、再生力極強的動物興趣濃厚，持續進行研究。雖然人體不像片蛭一樣具有強大的再生力，但是割傷或擦傷時，通常一～二週內皮膚會再生，而且數年後疤痕就會消失。由於人體具備這種再生力，所以，可以進行外科手術。

肝臟是人體內再生力最強的臟器，即使剩下三分之一，幾週內就能夠再生而恢復原本的大小。因為具有極強的再生力，因此，可以進行活體肝臟移植。不過，與片蛭、蜥蜴相比，人類的再生力有限。

因生物種類及其組織、臟器等的不同，再生力也不同。基本上，所有的生物都具有程度不等的再生力或修復能力。

人體是由數十兆個作用不同的細胞組合而成的集合體，幾乎所有的細胞都會在幾個月內更新。亦即雖然外貌不變，但其實體內的細胞已經全部換成新的細胞。人體內存在著新細胞的根源細胞（即幹細胞）。依組織或臟器的不同，形成該組織或臟器的細胞壽命及更新為新細胞的速度都有差異。

昔日，人們認為腦（中樞神經）的細胞沒有再生力，維持出生時的狀態，直到最近才發現腦細胞的幹細胞而推翻以往的觀念。

換言之，生物體具備了讓自己的組織或臟器再生的能力。再生來自於各種幹細胞的分化、增殖，而利用這種再生力的醫療，就稱為再生醫療。

本書簡單扼要說明再生醫療的原理和未來發展。

臟器移植

如果腎臟、肝臟、心臟或肺臟等各種臟器受損到無法恢復的情況，唯一的治療法就是接受他人的臟器移植。

臟器移植包括活體臟器移植和屍體臟器移植。活體臟器移植必須對健康的器官捐贈者的身體進行臟器移植手術，而屍體臟器移植則必須要求提供新鮮的臟器。這時，腦死判定的標準非常重要，與人類的生死觀和倫理觀有關。

此外，臟器移植還有組織適合性、排斥性的隱憂。次項主題會詳細介紹排斥性的問題，在此先探討組織適合性的問題。

只要體內擁有兩個腎臟、再生力極強的骨髓細胞或肝臟，就可以進行活體臟器移植。抽取骨髓細胞時，要先在胸骨和骨盆挖洞，刺入粗大的注射器抽取骨髓細胞，等到在體外培養增殖後，再移至患者體內。雖然提供者（捐贈者）即健康者的身體會受損，但損傷程度輕微。然而，切除捐贈者其中一個腎臟或一部分肝臟時，對其身體會造成極大的負擔。一旦剩下一個腎臟，未來罹患腎臟疾病或遭遇意外事故時，出現腎功能衰竭的機率會大幅增加。

除了沈重的負擔及事後的危險之外，還有次項介紹的組織適合性的問題。雖然捐贈者多半是親子、兄弟等近親，但還是有人即使通過組織適合性測試卻不願意提供臟器，這也是活體臟器移植所要面臨的考驗。

另外，還可能會發生為錢賣腎或借錢被迫販賣臟器等的犯罪行為，是不得不注意的社會現象。

而屍體臟器移植存在著腦死判定的問題。腎臟可以延後時間移植，但心臟或肺臟等則必須在腦死後立刻進行移植。以臟器移植的立場來看，越早移植越好。腦死判定的標準很重要，因民族性、個人觀及宗教不同而有不同。通常死者家屬在短時間內很難接受親人死亡的事實，所以，腦死臟器提供者有限。

就先進醫學的角度而言，臟器移植是不治之症的治療法之一。不過，在成為普遍性的療法之前，得先面對組織適合性及家庭的倫理觀、宗教觀和生死觀等複雜的問題。現階段的解決方法是利用異種動物（例如豬）的臟器移植或人工臟器，但有感染症和長期穩定性等技術層面的難題。

組織相容性

人體等生物體藉著免疫監視構造，嚴格的檢查自己和異己，避免外界的異物侵入體內。

一旦細菌或病毒等病原體侵入體內，就會引發感染症。生活周遭存在著各種病原體，這些病原體侵入體內時，免疫監視構造會發揮作用，排除入侵者，防止發病。嚴重感染或體力衰退導致免疫力減弱時，入侵者就會造成各種感染症。發病時，體內的免疫構造活化，戰勝入侵者後，身體會慢慢的復原。藥物則是在這場戰爭中負責攻擊入侵者或增強免疫功能而使其容易獲勝。

不只是感染症，像輸血或臟器移植時，免疫監視構造必須嚴格的辨識自己和異己。根據人類的基因解析，人類基因及其產物蛋白（零件）有三萬～四萬個。人類以外的動物的蛋白（零件）進入人體內時，免疫監視構造會判斷是異物入侵，啟動將其排除的免疫系統。

那麼，使用人類零件就沒問題了嗎？事實上，免疫監視構造還是會區分自己的零件（蛋白）與他人的零件（蛋白）。由相同零件組合而成的細胞，視為自己的細胞時，就會刻上相同的製品編號。免疫監視構造會識別這個記號，當記號不同的細胞進入時，就會將其視為異物而加以排除。

我們以輸血時的血型為例。血型分為A、B、AB、O四種，而且有Rh＋和－、MNS型等。ABO是一般人熟悉的血型區分法，紅血球則有十幾種分類法（ABO式、Rh式、MNS式和P式）。

這些分類全部吻合時，表示是自己的紅血球。免疫監視構造最容易辨識A、B、AB、O的差異，因此輸血時，ABO式血型吻合與否相當重要。一旦A型人輸了B型人的血液，就會發生血型不合的排斥反應，嚴重時甚至會引發死亡。媒體曾經報導過這類型的醫療疏失事件。另外，免疫監視構造也容易區別Rh式的差異。大部分的人都是Rh＋，依紅血球表面糖鏈抗原的不同而有不同，亦即合成糖鏈的酵素（基因）具有差異。

白血球或其他的組織，包括主要組織相容性抗原群（MHC：Major Histocompatibility Complex）和次要組織相容性抗原群，因人而異，各有不同。人體的白血球和組織細胞比紅血球複雜，具有更強力的抗原群。免疫監視構造視這些抗原群為相同的組織時，就會當成是自己的組織。反之，則會視為異己組織，加以排除。因此，進行臟器移植時，臟器捐贈者必須先篩選出主要組織相容性抗原群一致或一致度較高的患者。

此外，進行活體臟器移植時，近親者的主要組織相容性抗原群一致的機率較高，所以，多半會從親子、兄弟等親人中尋求捐贈者。

然而，即使是親子或兄弟，只要不是同卵雙胞胎，其主要組織相容性抗原群就很難完全吻合。臟器移植時，最怕移植手術後出現排斥反應，必須使用大量的免疫抑制劑。

原本是保護自己免於入侵者、異物傷害的免疫構造，卻成為移植醫療時找尋器官捐贈者或移植後產生排斥反應的主要障礙。

免疫監視構造或排斥反應已經脫離本書的主題，在此不再詳述，只要知道移植醫療存在著相容性與排斥反應的問題即可。

幹細胞

人類等高等動物，藉由受精、受精卵的分裂（分割）、胚、胎兒期的發育過程，形成一個個體而來到這個世界。

任何動物最初都是從一個細胞（受精卵）創造出來的。

多細胞動物的身體是由多數功能不同的細胞構成的。首先，受精卵這個細胞必須進行分裂（若為受精卵，則稱為卵裂），增加其數目。

到十六分割卵（分裂四次）為止只是單純的增加數目，亦即該階段的十六個細胞（稱為桑椹胚）都是相同的，直到下個階段才分為營養外胚葉和內部細胞塊，形成胚盤泡。換言之，細胞之間有構成外側殼的細胞及在內側形成塊的細胞群（為最初的分化）。接著，內部細胞塊反覆增殖、分化，形成各種組織和臟器，最後成為完整的個體。

胚盤泡內部細胞塊的細胞，具有分化為各種組織或臟器細胞的能力（分化力）。而具有分化為各種細胞能力的細胞就稱為幹細胞（Stem Cell）。

幹細胞也有各種階段。內部細胞塊的細胞可以分化為所有的細胞，稱為萬能性幹細胞。當然，也有只能分化為下游的神經細胞、紅血球、白血球、顆粒球或骨骼等的幹細胞。

另外，骨髓中也具有能夠分化為各種血球的幹細胞。最近，無法再生的中樞神經、腦神經細胞被證明存在著幹細胞。不只是骨髓，臍帶血中同樣發現具有幹細胞。

末梢血中或各組織中，存在著各種階段的幹細胞，目前甚少被應用於醫療上。骨髓幹細胞僅能從骨骼開孔抽取（穿刺抽取），而且不能大量抽取。生產時抽取的臍帶血，是幹細胞的來源，具有極高的醫療利用價值，甚至有人成立臍帶血銀行，但諮詢機制和設備還不夠完善。

胚盤泡內部細胞塊的細胞，是萬能的幹細胞，能夠得到細胞株（胚性幹細胞、生殖幹細胞、ES細胞：Embryonic Stem Cell），可以應用於複製動物等方面。

增殖與分化

一個受精卵在形成多細胞的成熟體之前，必須先增加細胞數。人體是由六十兆個細胞構成的，約需經過六十多次的細胞分裂、增殖。

六十兆個細胞不全是相同的細胞。人體是由紅血球、白血球等血液細胞、肌肉細胞、皮膚細胞、肝臟細胞、心臟細胞和腦神經細胞等各種功能不同的細胞所構成的，而這些功能不同的各種細胞來自於同一個受精卵。這就是分化。

前項主題說過，胚盤泡的內部細胞塊具有可以分化為各種細胞的萬能性，亦即處於完全未分化狀態。一般而言，未分化的細胞增殖力較高，分化次數越多，增殖力越差。例如，受精卵或ES細胞等胚性幹細胞，是未經分化的幹細胞，擁有極高的增殖力和萬能性分化力。

癌細胞具有很強的增殖力，會不斷的分裂增大。這是因為癌細胞會藉著回到脫分化（dedifferentiation）及未分化狀態而獲得分裂增殖力。因此，只要找出誘導癌細胞分化的物質，就可以製作治療癌症的藥物。現在已經有專門團體開始進行相關的研究。

成人體內存在著各種分化階段的幹細胞，尤其骨髓具有各種分化階段的血球類幹細胞，而讓紅細胞系前驅細胞增殖、分化為紅血球的紅細胞生成素，以及讓嗜中性白細胞前驅細胞增殖、分化為嗜中性白細胞的G-CSF等，都被當成醫藥品。一旦幹細胞進入分化後期，就會成為前驅細胞，能夠出現分化結果的細胞有限。

近年來，已經發現各組織和臟器存在著只能分化為該組織或臟器特有細胞的幹細胞，因此，只要能夠發現紅細胞生成素或G-CSF等幹細胞特有的分化誘導因子，就能夠應用在再生醫療上。然而，因為不是像胚性幹細胞等未分化細胞，所以數目極少，增殖力較差，還不適合應用於再生醫療。

本書將探討構成生物體的細胞是何種物質、肝細胞如何進行分化而形成器官、動物如何再生、與再生的發生關係、再生時需要何種幹細胞、人體具有哪些幹細胞、何謂再生醫療及再生醫療的現況與未來等問題。

才園　哲人

目錄

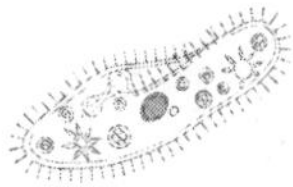

Part 2 分化與發生

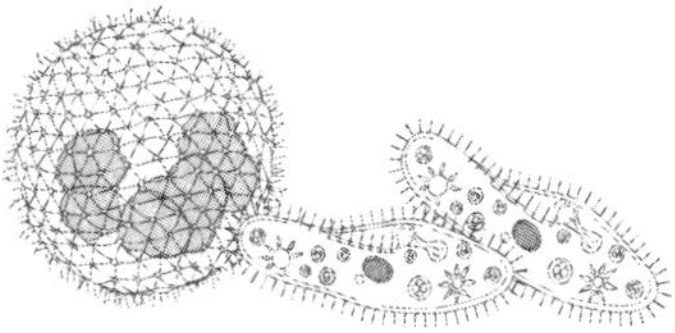

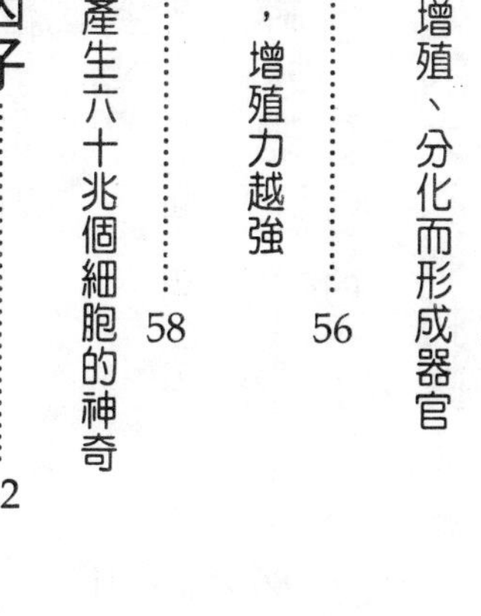

Part 3 神奇的生物再生力

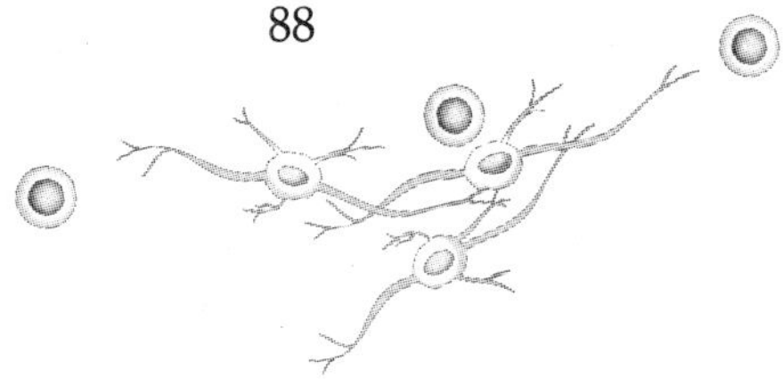

Part 4 再生醫療的關鍵——幹細胞

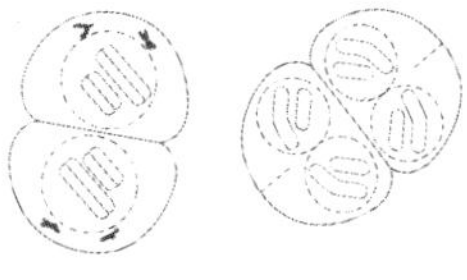

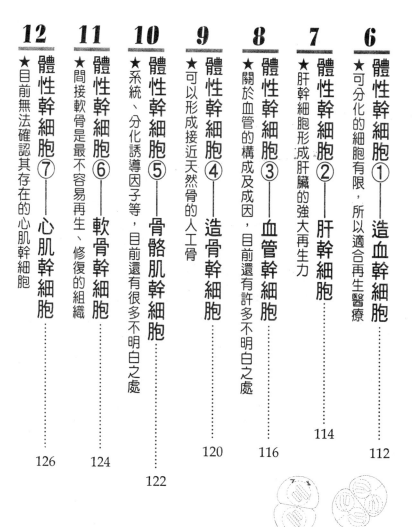

Part 5 再生醫療的現狀與未來

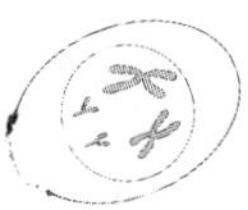

Part 6 人體可以再生到何種程度？

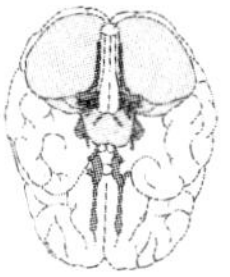

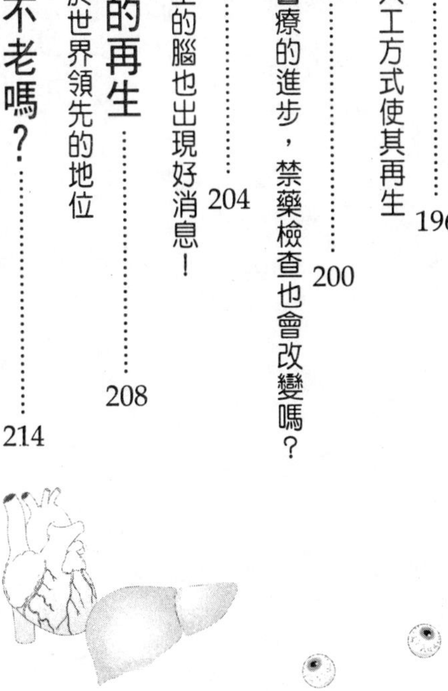

發現細胞
細胞的構造是如何形成的？
比較細胞的大小！
原核細胞與真核細胞
細胞的增殖（分裂）
單細胞生物與多細胞生物
單細胞與多細胞之間、群體
細胞與基因組的關係
細胞的分化

Part 1

生物體是由細胞構成的！

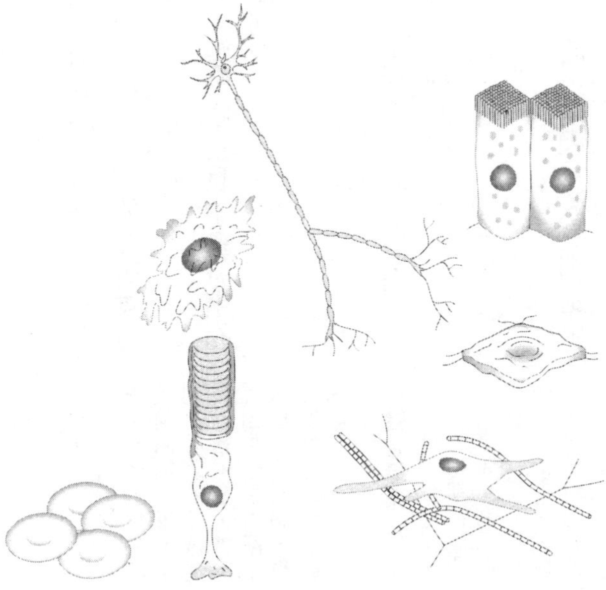

1 發現細胞

★生物全都是由小細胞構成的！

◆發明顯微鏡所締造的成果

細菌、植物、動物等生物，全都是由細胞構成的。這是在十七世紀中葉**福克**發明顯微鏡之後所得知的事實。十七世紀末，**雷溫福克**發現了微生物單細胞生物。

由此可知，所有的生物如人類或大象等大型動物及巨木或微生物等，都是由使用顯微鏡才能夠看到的細胞所構成。

◆細胞的大小與生物的大小無關

草履蟲是二五〇**微米**的細胞，卵子（卵細胞）是一〇〇微米至一公分以上的細胞，神經細胞則是長達一公尺以上的細胞。細胞大小與生物體的大小無關，通常介於數微米～數十微米（〇．〇〇五～〇．〇五毫米）之間。

換言之，大型生物不一定是由大細胞構成的，是因爲大量細胞聚集而形成的。

＊福克　洛巴特．福克。十七世紀末期英國的物理學家。利用手製的顯微鏡觀察軟木塞，首次提出生物是由細胞所構成的理論，也是為細胞命名的細胞之父。

＊雷溫福克　十七世紀至十八世紀初期荷蘭的博物學家。利用顯微鏡觀察各種物品，結果發現細菌，開啟細菌學的端倪。

福克顯微鏡和軟木塞的素描

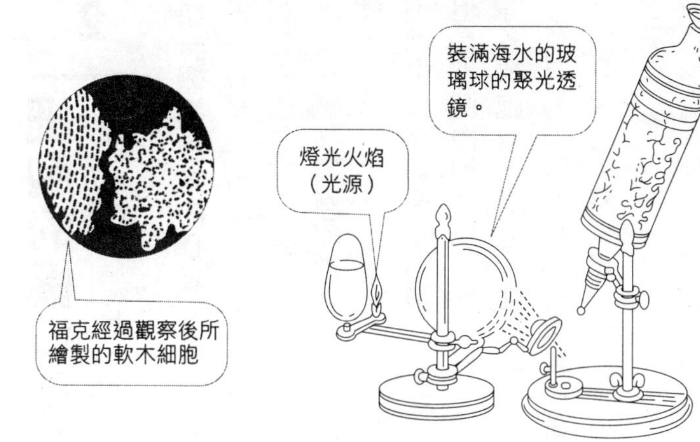

由於顯微鏡的發達、**細胞的固定法和染色法**的改良和電子顯微鏡的發明，我們才能進行深入研究並掌握細胞的構造。

大家應該都曾在學校的理科實驗中使用顯微鏡觀察過洋蔥皮或樹葉內的細胞。接著，就詳細來探討所有生物體的基本單位，即形成個體的細胞其構造、種類及大小等。

＊微米
長度單位。一百萬分之一公尺。一千分之一毫米。

＊細胞的固定法或染色法
細胞是透明的，用普通的光學顯微鏡看不見，所以在玻璃片上會利用酒精等處理細胞，進行脫水乾燥固定，同時使用各種染料染色觀察。

細胞的構造是如何形成的？

★即使形狀或大小不同，但基本構造還是相同

◆人類一個細胞中的ＤＮＡ具有二公尺以上

雖然各細胞的大小和形狀不同，但是，具有共通的基本構造。動物細胞最外側是由以脂質爲主要成分的脂雙層（稱爲生物膜）所構成的細胞膜。植物細胞的最外側則是由以**纖維素**爲主要成分的硬細胞壁所包覆。

細胞中，充滿稱爲細胞質的蛋白溶液。細胞小到只能用顯微鏡觀察，但是細胞內卻存在著核、粒線體、內質網、核糖體、高基氏體、溶體等各種胞器，構造非常複雜。當然也有像細菌等沒有核的細胞，但幾乎所有的細胞都具有被**核膜（生物膜）**包覆的核。核中擁有生物的設計圖ＤＮＡ。將人類一個細胞中的ＤＮＡ全部連接起來時，則長約二公尺。

粒線體是由外膜、內膜和稱爲**褶膜**（全都是生物膜）的內膜皺襞所組成的長橢圓體構造物。內膜和褶膜上，有粒線體ＤＮＡ及各種酵素，掌管呼吸反應，同時生成維持生命活動所需的熱量。

＊纖維素
是植物細胞壁或纖維等的主要成分。

＊核膜（生物膜）
包覆細胞核的脂雙層膜。生物膜的脂質分子其親水性基朝向膜的外側，疏水性基朝向膜的內側，兩者構成雙層膜。生物膜構成細胞膜、核膜、粒線體的膜狀構造及內質網等。

＊褶膜
由生物膜所構成的粒線體的內膜皺襞。褶膜上附著各種酵素，負責發揮粒線體的功能。

利用電子顯微鏡觀察細胞中的構造物

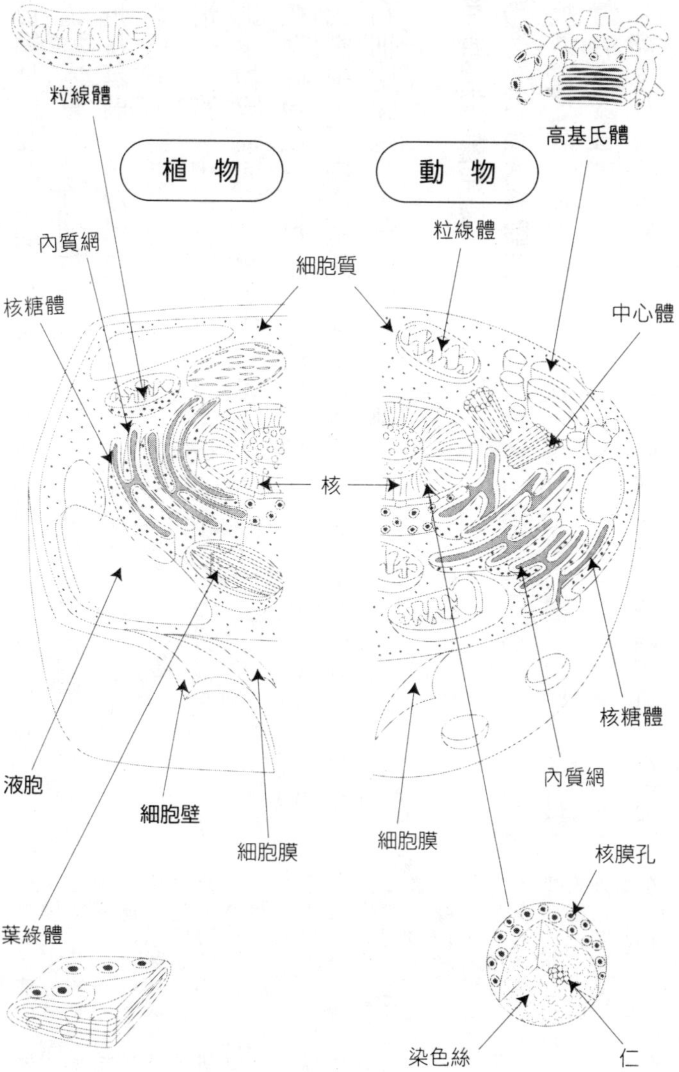

◆核糖體是蛋白合成工廠

內質網是由雙層脂膜（生物膜）形成的構造物。表面具有顆粒附著的粗糙型內質網及無顆粒附著的光滑型內質網。粗糙型內質網的表面顆粒是**核糖體**。核糖體是rRNA（核糖體RNA）與蛋白構成的不倒翁型粒子，爲蛋白合成工廠。

光滑型內質網中所含的酵素可以合成脂質。高基氏體是扁平的囊狀膜（由生物膜構成）重疊的構造物。

在核糖體合成的粗糙型內質網的內部蛋白，送入與內質網端相連的高基氏體中，再由高基氏體中的運輸囊泡送到細胞膜附近，然後運輸囊泡和細胞膜融合，分泌到細胞外部。

◆溶體是廢棄物處理廠

溶體含有各種**水解酵素**，能夠將生命活動產生的廢棄物加以分解消化。換言之，就是細胞內的廢棄物處理廠。植物細胞則另外具有稱爲葉綠體的小器官。

葉綠體的內部存在著含有葉綠素的**中膠層**及**葉綠餅**等排列整齊的膜構造，可以藉著光能將水分解成氫分子和氧分子，用氫分子還原二

＊內質網

在細胞質內由生物膜構成的胞器。膜的表面分為附著核糖體的粗糙型內質網與未附著核糖體的光滑型內質網。粗糙型內質網會暫時儲存由核糖體所製造的蛋白質，然後再送到高基氏體，分泌到細胞外。至於光滑型內質網的功能目前尚無法完全了解，可能與輸送物質、分解毒物、合成脂質等有關。

＊核糖體

在細胞質內由RNA和蛋白質所構成的小顆粒，是細胞的蛋白合成工廠。

＊水解酵素

溶體內含有將澱粉加水分解的澱粉酶、將蛋白加水分解的蛋白酶及將脂肪加水分解的脂

生物膜的構造為何？

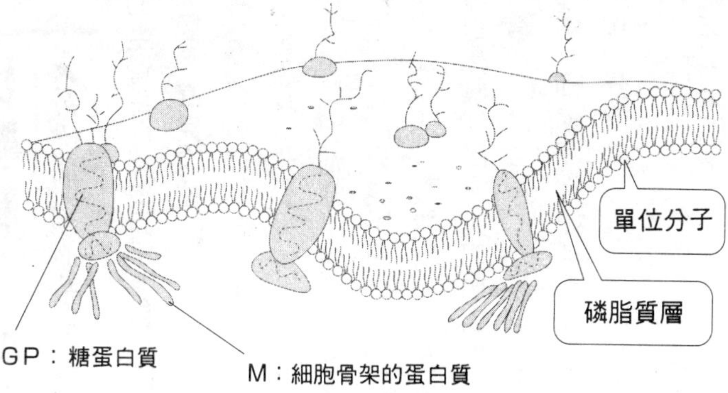

氧化碳並合成醣類，進行光合作用。

除了前述的胞器外，細胞內還有脂肪滴、肝糖顆粒、液胞等，儲存著細胞維持生存所需的各種營養素、熱量和各種酵素等。

此外，細胞中有由**肌動蛋白**或**微管蛋白**等蛋白所構成的複雜而堅固的構造物，由細胞內側支撐細胞，稱為細胞骨架。

肪酶等各種水解酵素，能夠分解處理積存於細胞中的廢物。

＊**中膠層** 由葉綠體內的生物膜形成的構造物，排列成容易受光的層狀。這種生物膜含有葉綠素。

＊**葉綠餅** 與中膠層同樣的，是葉綠體中的生物構造膜，含有葉綠素，圓盤狀的構造和層狀排列在一起。

＊**肌動蛋白** 支撐細胞形體的細胞骨架主要成分蛋白之一。除了細胞骨架之外，也和肌凝蛋白共同負責肌肉的收縮。

＊**微管蛋白** 與肌動蛋白同樣的，是細胞骨架的主要成分蛋白之一。排列成圓筒狀，形成微小管，支撐細胞的形體。

比較細胞的大小！

★最大的細胞是駝鳥蛋

◆人類的坐骨神經細胞長度有超過一公尺嗎？

支原菌和**立克次體**的大小約爲〇．三～〇．五微米，是最小的細胞。葡萄球菌是直徑約一微米（一千分之一毫米）的球形體。大腸菌或枯草菌則是寬一微米、長二～五微米的長方體。

植物體也是由細胞所構成的。幹的直徑數公尺，而高達數十公尺的大樹，同樣是由只能用顯微鏡看到的數微米小細胞聚集而成的。

人類的紅血球是直徑約七．五毫米的圓盤狀，酵母是直徑五十毫米的球形或橢圓球體。人類和動物的細胞幾乎都只有一〇〇微米。像草履蟲約爲七〇×二五〇，人類的橫紋肌細胞直徑爲一〇〇微米，但長度十毫米。神經細胞如軸索神經纖維長爲一五〇微米，但**坐骨神經細胞**則長達一公尺以上。

◆卵細胞非常大嗎？

人類的卵子約一四〇微米。一般而言，卵細胞的體積都相當大，

＊支原菌
介於細菌和病毒之間的微生物，容易引發肺炎等疾病。

＊立克次體
介於細菌和病毒之間，為革蘭陰性微小球菌的總稱，是傷寒及恙蟲病的病原體。

＊坐骨神經細胞
從脊髓延伸到骨盆中坐骨的最長的神經細胞。就人類而言，全長達一公尺。

同樣是細胞會有那麼大的差異嗎？

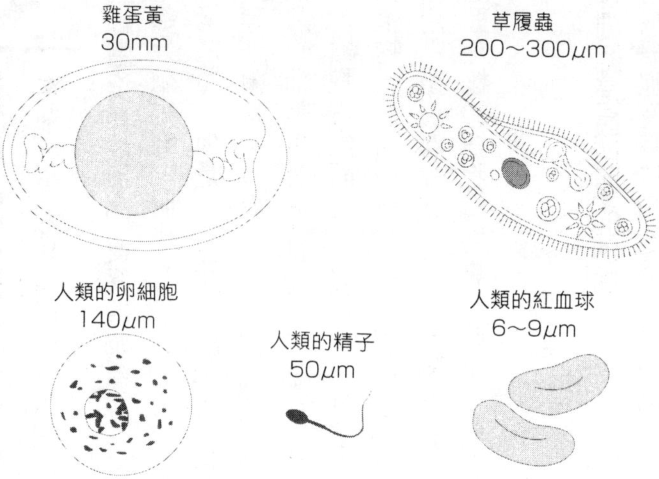

＊1mm=1000μm（微米）

可以儲存大量的營養。

例如，鴨蛋的直徑爲三微米，肉眼可以看得到，而有的雞蛋甚至有二・五公分大。

駝鳥蛋直徑長達七公分，是最大的細胞。

4 原核細胞與真核細胞

★細胞內有核的是真核細胞，無核的是原核細胞

◆有些細胞沒有核或內質網等胞器

大部分微小的細胞中，都塞滿了核、粒線體、內質網等各種稱爲**胞器**的構造體，但是，有些細胞卻不具備胞器。例如，用顯微鏡觀察大腸菌等細菌時，會發現其細胞內沒有核。

細菌的細胞也有遺傳物質DNA，但是，沒有核膜，所以，DNA會溶入細胞質內而看不見核。這種沒有核的細胞稱爲**原核細胞**。同樣是微生物，然而一旦變成酵母時，就會出現核膜，DNA被包在核膜內，用顯微鏡觀察時，可看到細胞中的核。

這種有核的細胞稱爲**真核細胞**。動植物的細胞，幾乎都是真核細胞。

◆原核細胞是最簡單的細胞

原核細胞沒有核和胞器，是最簡單且最原始的細胞。其他的原核細胞進入原核細胞後，兩者逐漸產生共生關係，後來進入原核細胞的

***胞器**

細胞內的構造物，包括核、粒線體、核糖體、溶體、高基氏體、內質網、液胞或葉綠體等，可以發揮生命活動所需的各種功能。

***原核細胞**

不具核（膜）的原始細胞，只限於細菌等。

***真核細胞**

在細胞質內，有核膜包覆核的細胞。酵母以上的生物細胞幾乎都是真核細胞。除了核之

核的構造

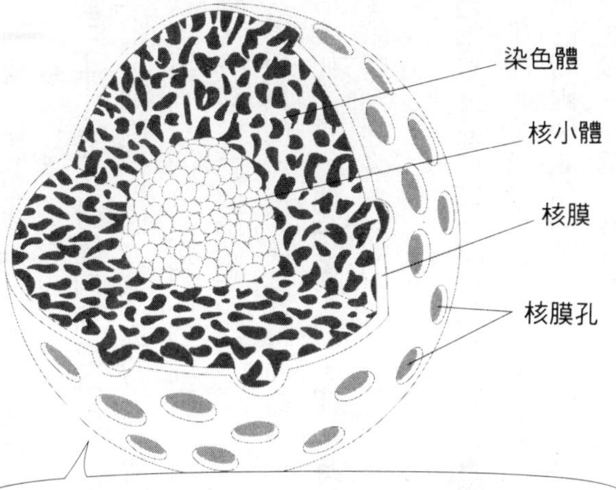

有些像草履蟲一樣具有 2 個核，有些則是多核細胞

細胞會變成胞器，形成有核的真核細胞。

與下棋相同，得到對方的棋子之後，可以將其當成自己的棋子使用。在真核細胞內，負責呼吸和能量代謝的是粒線體這個重要的胞器。

粒線體也是和其他微生物共生而產生的。目前已經特定出成爲粒線體根源的細菌。

外，真核細胞內還存在著各種胞器。

5 細胞的增殖（分裂）

★大腸菌或細菌能夠在短時間內繁殖的秘密

◆細菌於三十～五十分鐘內完成分裂，數量增加一倍

基本上，細胞是以一分爲二的方式增殖。原核細胞複製細胞質中的DNA，再均勻的分配到二個細胞（稱爲子細胞）中。接著，細胞中間變細，分裂爲二個細胞。

以大腸菌爲例，每次分裂時間約三十～五十分鐘，一小時後數量就會加倍。如果是一個**細菌**，二十四小時後會變成數百萬、數億個。因此，必須特別注意食品的保存，否則容易引起食物中毒等事件。

◆真核細胞反覆進行核分裂和細胞分裂而增殖

真核細胞首先會複製核中的**染色體**，核膜消失後，被紡錘絲拉扯而於細胞內的兩極間移動。移動的兩極再次形成核膜，結果一個細胞內出現二個核（稱爲**核分裂**）。

接著，動物細胞的二個核之間的細胞膜中間變細，分裂成二個細胞（稱爲**細胞分裂**）。植物細胞則是二個核之間產生細胞板，再形成

***細菌**　單細胞微生物之一。

***染色體**　DNA捲住組蛋白鹼基球蛋白的核小體，為核內構造物的構造單位。

***核分裂**　細胞分裂後會複製染色體（DNA），核一分為二。

***細胞分裂**　核分裂後，細胞質會分裂，結束細胞的分裂增殖。

動物的體細胞分裂

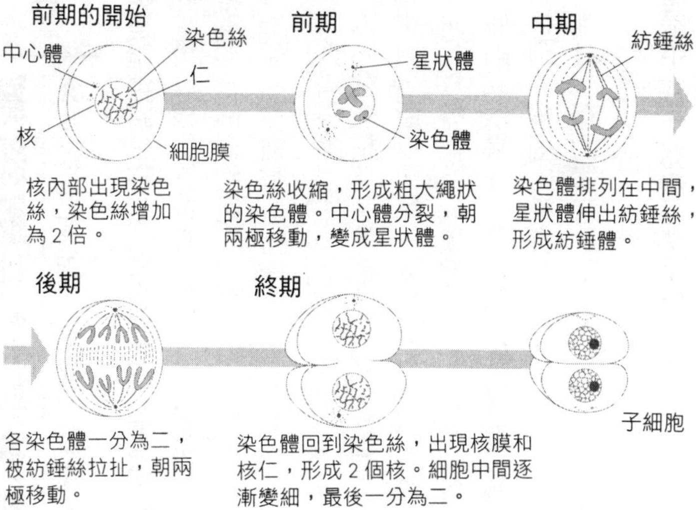
前期的開始
中心體
染色絲
仁
核
細胞膜
核內部出現染色絲，染色絲增加為 2 倍。
前期
星狀體
染色體
染色絲收縮，形成粗大繩狀的染色體。中心體分裂，朝兩極移動，變成星狀體。
中期
紡錘絲
染色體排列在中間，星狀體伸出紡錘絲，形成紡錘體。
後期
各染色體一分為二，被紡錘絲拉扯，朝兩極移動。
終期
染色體回到染色絲，出現核膜和核仁，形成 2 個核。細胞中間逐漸變細，最後一分為二。
子細胞

分成二個細胞的細胞壁。

因此，真核細胞會藉著反覆進行核分裂和細胞分裂而增殖。細胞分裂前後，染色體數目不變（稱爲**體細胞分裂**）。反之，形成卵子或精子等生殖細胞時，染色體數會減半（稱爲**減數分裂**）。透過受精，卵子和精子結合，核也會結合，使得卵子（母親）的染色體和精子（父親）的染色體形成一對，染色體數就會變成與原先體細胞的數目相同。

＊體細胞分裂

細胞分裂包括普通的體細胞分裂與形成生殖細胞時的減數分裂。體細胞分裂前後，染色體數目相同，所以子細胞和母細胞完全相同。

＊減數分裂

形成卵子或精子等生殖細胞時，相同的染色體各自分配到不同的子細胞，子細胞只獲得母細胞一半的染色體數。

這種細胞分裂就稱為減數分裂。

6 單細胞生物與多細胞生物

★是以一個細胞形成個體或多數細胞聚集而形成個體呢？

◆同樣是單細胞生物，但細胞內的構造卻有極大差異

無論是原核細胞或真核細胞，所有的細胞都具有生命。不過，可以分爲依賴一個細胞而成個體生存（單細胞生物）與多數細胞聚集成個體而生存（多細胞生物）這二大類。

典型的單細胞生物如細菌、酵母等微生物和草履蟲、眼蟲等**原生動物**。大腸菌或枯草菌等細菌，經由細胞分裂而產生的所有細胞都與母細胞相同，所以，每一個都可以成爲個體而生存。細菌無核，構造簡單，而且具有鞭毛或纖毛，能夠移動到各處以捕捉餌食。

草履蟲或眼蟲等，其細胞內各種器官發達，具有二個大小的核、可到處移動的纖毛、攝食的細胞口、消化食物的食泡及排泄水分的**伸縮泡**等維持生存的器官。眼蟲還具有進行光合作用的葉綠體。

◆人體是由六十兆個細胞構成的！

多細胞生物則是大量細胞聚集而成的個體。

＊原生動物
原始的單細胞生物的總稱，包括草履蟲、眼蟲等。

＊伸縮泡
原生動物細胞內器官之一，藉著收縮將細胞內的水分排出到細胞外。

構成人體的各種細胞

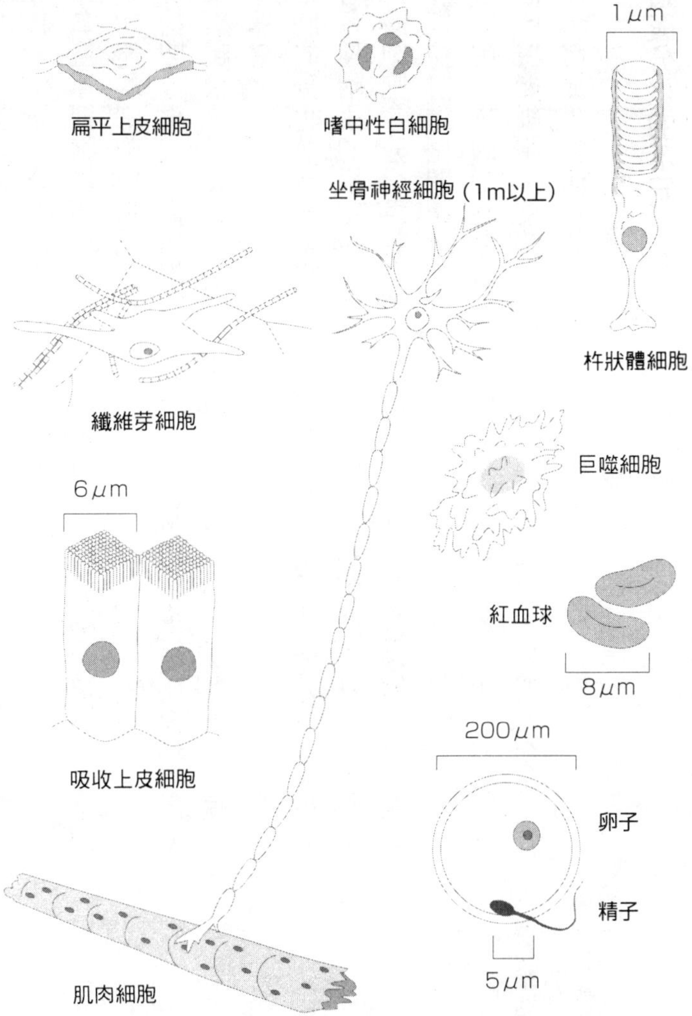

所有的細胞幾乎都有核，但是，哺乳類的紅血球其核會消失，而精子的細胞質退化，整個頭形成核。

例如，人體就是由二百種共六十兆個細胞構成的。二百種細胞各有其形狀、功能，分工合作，維持生命。

這二百種細胞最初是由受精卵分裂而來。一個細胞變成具有不同形狀、功能的細胞，稱爲分化。

受精卵分化成二百種細胞，其中一種或數種聚集形成組織。部分組織聚集起來，形成具有一定功能的腦、肝臟、心臟、腎臟、肺臟或胰臟等器官。

細胞的分化並非一氣呵成，必須經過幾個階段才能完成。體細胞存在著各種階段的細胞。受精卵分化成所有的細胞時，分化階段越進步，則該細胞會分化爲具有何種作用的細胞就越容易受到限制。第二章將詳細探討這個問題。

多細胞生物的細胞藉著分裂增殖以增加數目，在反覆分裂的過程中，形成**機能細胞**。接著，聚集變成組織，組織再聚集變成器官。分工合作，發揮生物體功能。

＊機能細胞 完成分化，具備特定功能的成熟細胞。

◆增殖與分化的不同

一般而言，增殖與分化不會同時進行。通常分化開始時，增殖會

單細胞生物的構造——枯草菌和草履蟲

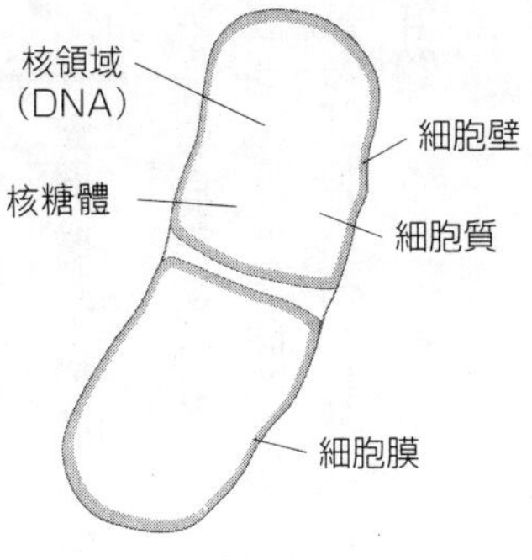

枯草菌

無核的簡單構造

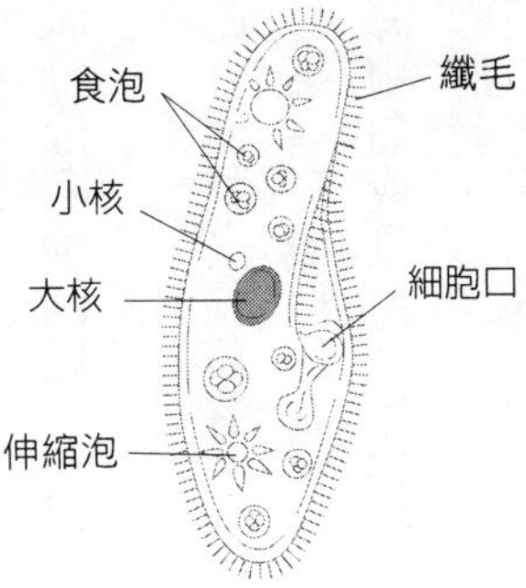

草履蟲

具備所有維持生存的器官

停止，而且持續分化的細胞會喪失增殖力。反之，未分化細胞具備極強的增殖力。

這點對日後研究再生醫療而言非常重要。

多細胞生物的細胞藉著增殖增加數目，然後分化或進行再增殖、分化，反覆這些過程，最後會製造出該種類細胞所需的數目，形成組織、器官，維持個體的生命。

單細胞與多細胞之間．群體

★群體是形成多細胞生物前的階段

◆群體就像單身宿舍嗎？

每個細胞形成個體的是單細胞生物，而各種分化細胞聚集成一個個體的是多細胞生物。許多細胞聚集在一起，看起來就像一個個體，則稱爲**群體**。

◆偽群體與真群體

群體分成各種階段。各個體獨立生存，只藉著殼等連接，稱爲**偽群體**。

反之，個體之間藉著細胞質等連接，攝取營養、對刺激產生反應等，具有某些有機性的關聯，稱爲真群體。

像海鞘類或原生動物等的群體，各個體可從群體中脫離而生存，稱爲定數群體。

原生動物鞭毛蟲的團藻（volbox），是數千隻蟲聚集成群體，細胞分化，出現生殖細胞。像水螅或苔蘚蟲類，則有細胞形態或功能的

＊**群體**　原本是每個個體所形成的單細胞生物，但是，聚集在一起而形成一個個體，就像多細胞生物似的，稱為群體。

＊**偽群體**　在群體中，各細胞沒有連繫，只是單純藉著殼等連接。

＊**原生動物鞭毛蟲**　在生物的分類上，屬於原生動物鞭毛蟲類的原始動物，會形成大的群

群體的構造

實球藻

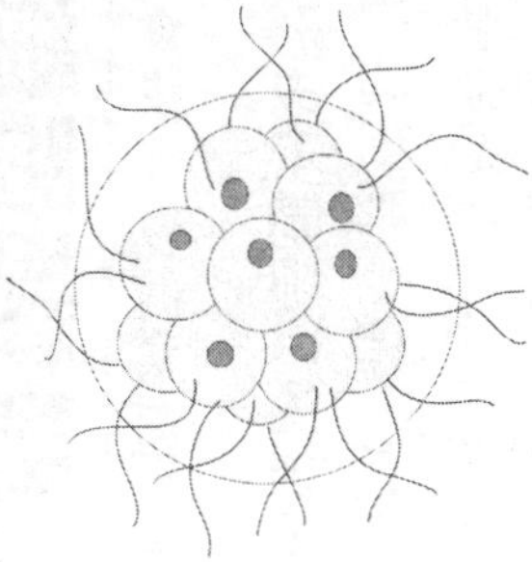

團藻

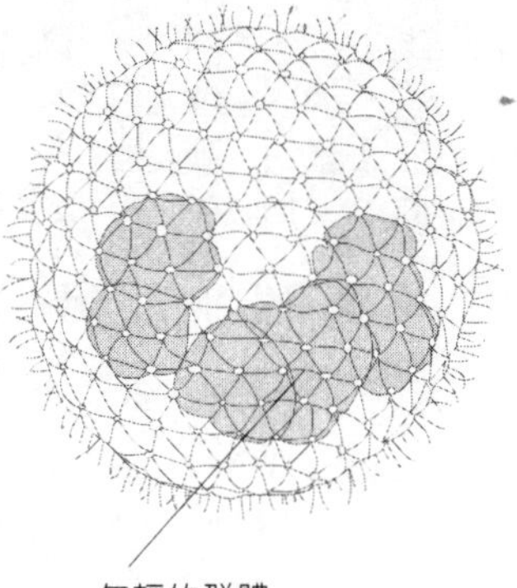

實球藻的細胞破裂時，內部的各細胞仍能維持單體狀態生存，而團藻則是各細胞功能已經特定出來，無法分開獨立生存。

分化。

細胞之間具有形態或功能的分化，稱爲**多型性群體**。這個階段可以說是形成多細胞生物前的階段。群體介於單細胞生物與多細胞生物之間。

體。

＊多型性群體

在群體中，細胞之間出現功能分化，同時具有共生關係，可謂形成多細胞生物之前的階段。

8 細胞與基因組的關係

★依發現的基因不同，形成的細胞也不同

◆相同基因形成不同細胞的理由

一種生物的細胞全都擁有相同的**基因組DNA**，例如，人類一套基因組（遺傳訊息）是由三十億個鹼基（文字）構成DNA。

無論採取人體的何種細胞，都具有相同的基因組。如果基因組是生物的設計圖，那麼，爲什麼相同的設計圖卻會產生不同的細胞呢？

基因組DNA上，具有許多會轉譯成蛋白而形成**生物功能分子**（生物的零件）的基因。人類的基因數約三萬數千個，但並非所有細胞的所有基因都會被發現而被轉譯成蛋白。

換言之，設計圖上的基因不會全部被發現，在必要時只發現必要量，再轉譯成蛋白。事實上，基因組DNA中，輸入了何時、何地、何種基因被發現的司令訊息。

◆何謂發現基因的開關？

因此，讓某個基因被發現或不被發現，就被稱爲「發現基因的開

***基因組DNA** 生物維持生存所需的一套DNA分子。

***生物功能分子** 負責維持生物生存所需功能的分子，包括酵素、荷爾蒙類等。

體細胞與 DNA

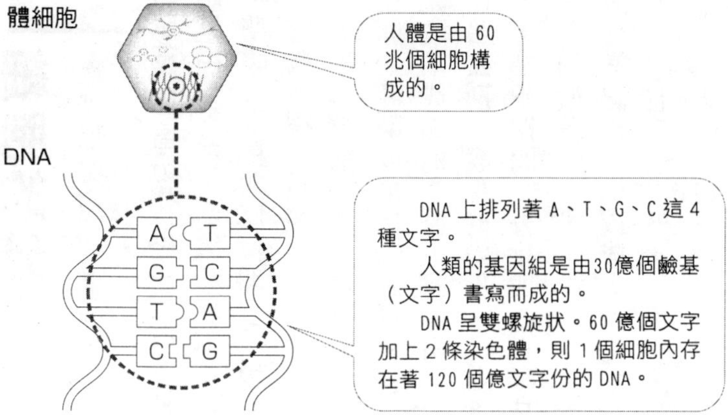
體細胞
人體是由 60 兆個細胞構成的。
DNA
A T G C T A C G
DNA 上排列著 A、T、G、C 這 4 種文字。
人類的基因組是由30億個鹼基（文字）書寫而成的。
DNA 呈雙螺旋狀。60 億個文字加上 2 條染色體，則 1 個細胞內存在著 120 個億文字份的 DNA。

關」。即使擁有相同的基因組（設計圖），但依開關的不同，發現的基因也不同，會產生不同的基因產物蛋白（零件），結果不同的零件構成了不同的細胞。

開關因發生或生長時期的不同而不同，有些只在發生或成長時期打開，有些只在生病時打開或關閉。

因此，對醫療而言，調查基因的開關非常重要。

9 細胞的分化

★一個細胞（受精卵）能夠形成六十兆個細胞的理由

◆懷孕時受精卵會分化成二百種成熟細胞

人體是由二百種，共六十兆個細胞構成的，最初是一個受精卵細胞。懷孕期間，受精卵反覆卵裂、增殖、分化，形成二百種共六十兆個細胞。這個過程稱為發生。

第二章將會詳細探討這種現象。

受精卵並非瞬間變成二百種細胞，它必須反覆經過數個階段的分化，才能成為成熟的細胞。細胞分化受到基因發現開關嚴密的控管。只在**胎生期**（發生的過程）的某個時期，才有允許被發現的基因（蛋白）。懷孕期間，分化成二百種**成熟細胞**，數目不斷增加，最後形成一個人的個體。

以前普遍認為，構成成人個體的細胞是結束分化的成熟細胞，而且除了部分造血系統之外，並沒有未分化細胞存在。

◆是否存在著未分化細胞後備軍？

＊胎生期 哺乳類的發生過程中，生產前於母親子宮內的胎兒期。

＊成熟細胞 完成分化而且具備特定功能的細胞。

分化的構造

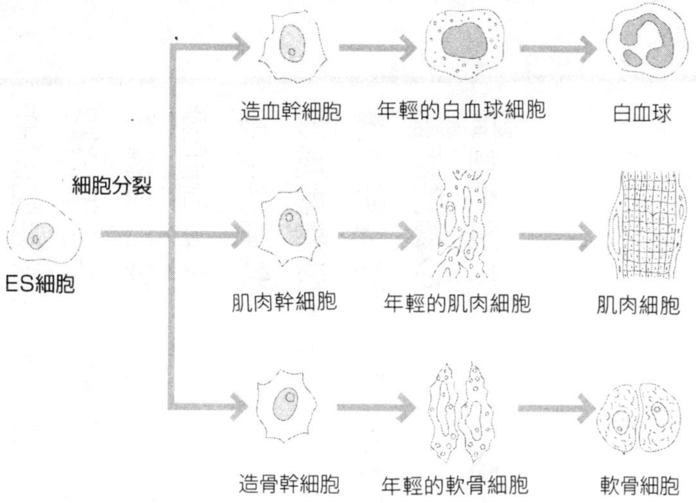

然而，最近卻發現骨髓及各種組織中，存在著可以分化爲該組織構成細胞的未分化細胞（後備軍）。形成所有細胞根源的未分化細胞，稱爲幹細胞（Stem Cell）。

對於本書的主題再生醫療而言，這是相當重要的發現。

PART4將會詳細解說幹細胞。

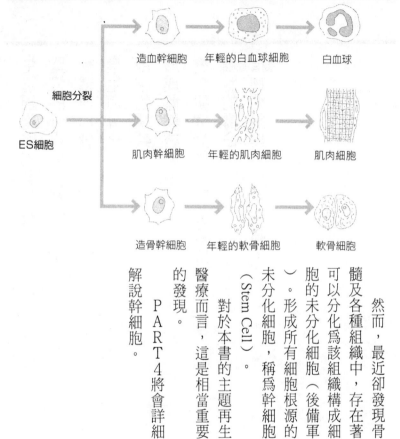

Part 2

分化與發生

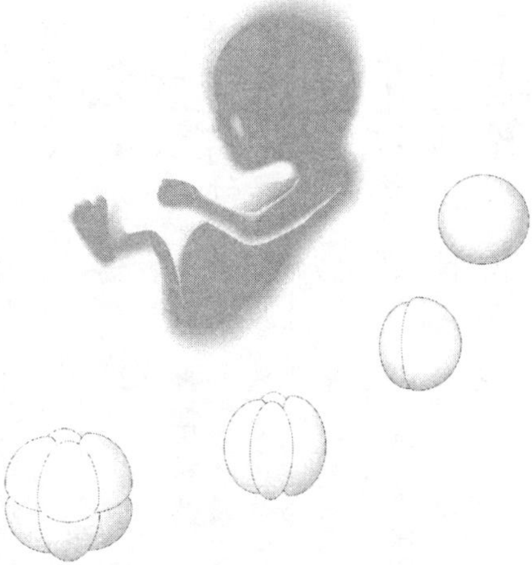

1 生殖細胞與減數分裂

★使染色體數目減半的分裂稱為減數分裂

◆生男或生女的秘密

人類的體細胞有二十二對四十四條的**常染色體**和X、Y二條**性染色體**，共四十六條染色體。兩兩成對（稱爲相同染色體），一邊染色體來自母親，一邊染色體來自父親。女性的性染色體爲XX，所以母親帶有X染色體，而男性的性染色體爲XY。因此，從父親那邊繼承X染色體時會生女孩，繼承Y染色體會生男孩。

細胞分裂時，四十六條染色體都會被複製出來，再平均分配給所有的細胞。染色體上具有所有的基因組DNA，是所有細胞擁有相同基因組DNA的原因。

進行細胞分裂時，正確複製染色體（DNA），然後藉著分裂而增加的細胞（稱爲子細胞）會被平均分配。唯一的例外是卵子或精子（生殖細胞）只繼承相同染色體中的一種，使得染色體的條數變成一半。這種細胞分裂稱爲減數分裂。卵子或精子只擁有體細胞的一半即二十二條染色體及X或Y的性染色體。

＊常染色體
染色體內，雌雄共通所擁有的染色體，以人類而言共有二十二對四十四條。

＊性染色體
染色體中具有決定雌雄基因的染色體，稱為性染色體。以人類為例，是由X染色體和Y染色體二條構成性染色體。XX是女孩，XY是男孩。

減數分裂分為二階段進行嗎？

第一分裂

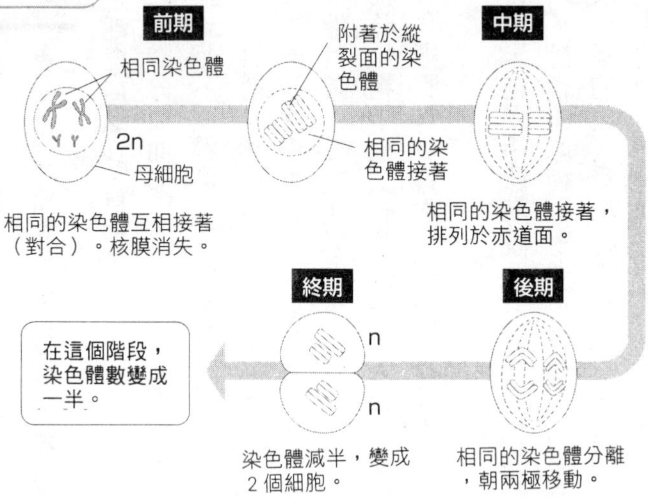
前期
相同染色體
2n
母細胞
附著於縱裂面的染色體
相同的染色體接著
中期
相同的染色體互相接著（對合）。核膜消失。
相同的染色體接著，排列於赤道面。
終期
後期
n
n
在這個階段，染色體數變成一半。
染色體減半，變成2個細胞。
相同的染色體分離，朝兩極移動。

第二分裂

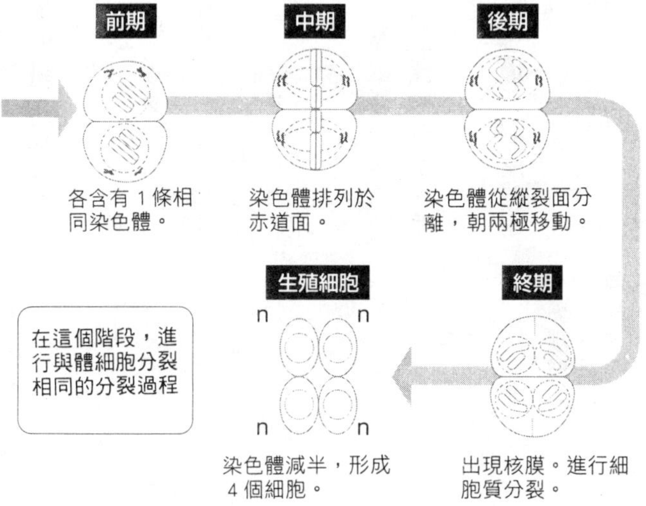
前期
中期
後期
各含有1條相同染色體。
染色體排列於赤道面。
染色體從縱裂面分離，朝兩極移動。
生殖細胞
終期
n
n
n
n
在這個階段，進行與體細胞分裂相同的分裂過程
染色體減半，形成4個細胞。
出現核膜。進行細胞質分裂。

堅強的母親！神奇的卵子

★父親只擁有基因組訊息等最低限度的訊息嗎？

◆生物全都是母系社會嗎？

經過減數分裂而形成的卵子（卵細胞）與精子，藉著受精結合，變成一個細胞（受精卵）。受精卵從卵子（母親）得到了二十二條常染色體和一條性染色體（Ｘ），從精子（父親）得到相同的二十二條常染色體和一條性染色體（Ｘ或Ｙ），變成原先的二十二對（四十四條）的常染色體和二條性染色體。

受精時，精子只具有基因組ＤＮＡ，而卵子除了基因組ＤＮＡ之外，還具有細胞質ＤＮＡ、粒線體ＤＮＡ、細胞質中各種物質及胞器等。

換言之，在受精卵階段，只受到父親的基因組訊息最低限度的影響。反之，母親的卵細胞對子孫有極大的影響。

更進一步的說，受精卵本身是以來自母親的卵細胞爲基礎，亦即生物在發生初期階段，就已經成立母系社會。

＊**卵細胞**　來自雌體的生殖細胞，又稱為卵子。

製造精子與卵子的過程！

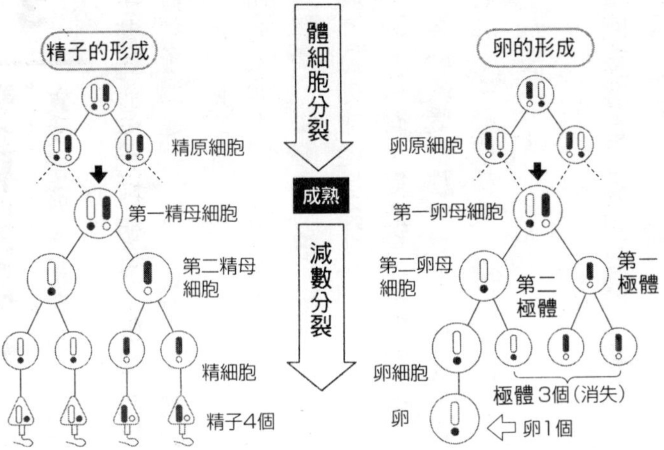

◆沒有卵細胞就無法誕生生物

一般人都認爲卵細胞呈球體狀，事實上，卵細胞本身已經做好受精後卵裂、分化的準備，並非呈均衡的球體。其擁有各種物質的**濃度梯度**等，已經決定方向性和極性。

只有生物的設計圖基因組DNA，無法誕生任何的生命。無論是製作基因重組動物、複製動物或像電影「侏羅紀公園」中的復原古生物，都需要有生命的卵細胞（或發生初期的ES細胞）。

＊**濃度梯度**
物質的濃度，依固定方向，由濃轉淡的狀態。

3 受精與卵裂

★受精卵反覆卵裂、增殖、分化而形成器官

◆精子會同心協力打破卵子的細胞膜

當精子到達卵子時，只有一隻的頭能夠鑽入卵子內。當然，其他精子不是白白送死。

要進入卵子內，精子必須通過卵子的**細胞膜**。精子會釋出溶解細胞膜的酵素，使卵子的細胞膜開孔。只靠一隻精子無法做到，要很多精子同心協力才能發揮功效。

不過，只有一隻最有元氣的精子能夠鑽入卵子內與卵子結合。結合後，強韌的受精膜會立刻包住卵子，避免其他精子侵入。鑽入的精子頭於卵子中形成精核，與卵核融合，變成融合核，恢復原先的二倍體，完成受精。

＊**細胞膜** 包覆細胞的生物膜，與外界有所區隔。

◆受精卵反覆進行細胞分裂（卵裂），形成生物體

受精卵開始進行細胞分裂（卵裂），數目持續增加。由數百種、數十兆個細胞所構成的生物，其受精卵只是所有細胞中的一種。

海膽的受精

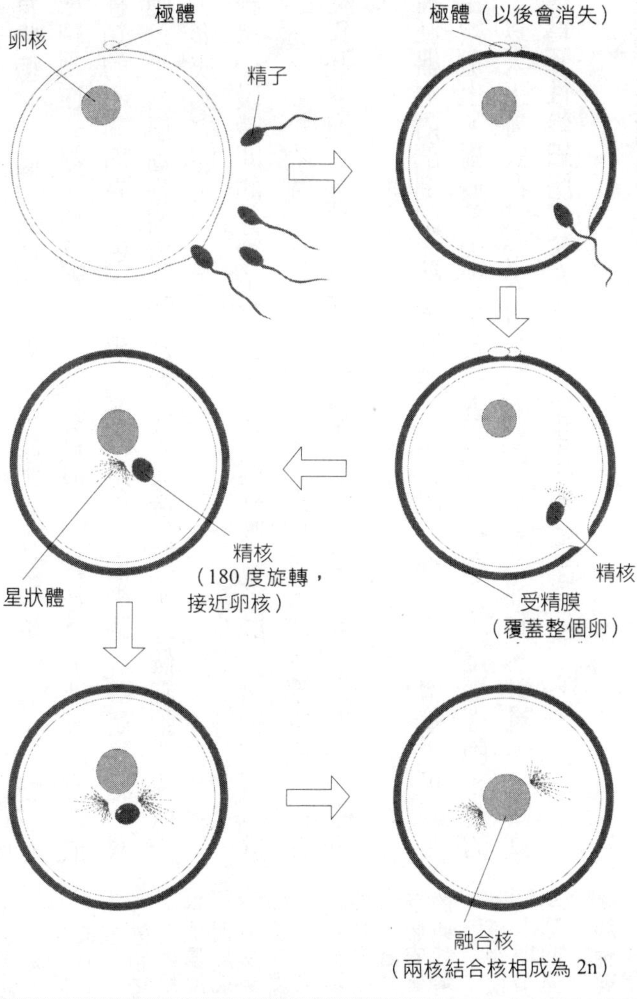

受精卵是精核與卵核結合變成 2n，成為擁有與父母不同組合的個體

五十頁所說的，卵子內部的各種物質依**濃度梯度**分配，分成**動物極**和**植物極**。想像成地球的北極和南極比較容易了解。

連結兩極的線，稱爲卵軸。卵裂會沿著卵軸進行。卵裂的方式依動物種類的不同而有不同。不過，多半是以二個細胞、四個細胞、八個細胞、十六個細胞的方式倍數增加，最後從三十二個細胞變成六十四個，形成桑椹胚。

經過一段時間的分裂、發生後，一群細胞會形成一層細胞層，排列於表面。中間有廣大的胚泡，其由另一群細胞形成內部細胞塊而存在，稱爲胚盤泡。這時，受精卵增殖的細胞，至少可以分化成二種細胞群。

將胚盤泡內部細胞塊的細胞植入試管內培養，使其增殖，可應用於再生醫療上。對於基因重組動物或複製動物而言，這種細胞相當的重要。以人工方式在試管內增殖的內部細胞塊的細胞（參見一〇四頁），稱爲**胚性幹細胞**（ES細胞：Embryonic Stem Cell）。

◆由三個胚葉細胞形成各種器官

持續增殖分化時，表面細胞陷落，變成原口，稱爲**原腸胚**。原腸

＊濃度梯度　依固定方向，物質的濃度由濃轉淡的狀態。

＊動物極　卵細胞中的物質依濃度梯度排列，而形成動物半球與植物半球這二個物質濃度不同的半球。動物半球其頭的部分（尖端部）稱為動物極。卵裂會沿著動物極與相反側的植物極連結的卵軸進行。

＊植物極　卵細胞的植物半球的頭頂部。

＊胚性幹細胞　存在於發生初期胚中的幹細胞，具有極強的增殖力

動物極與植物極

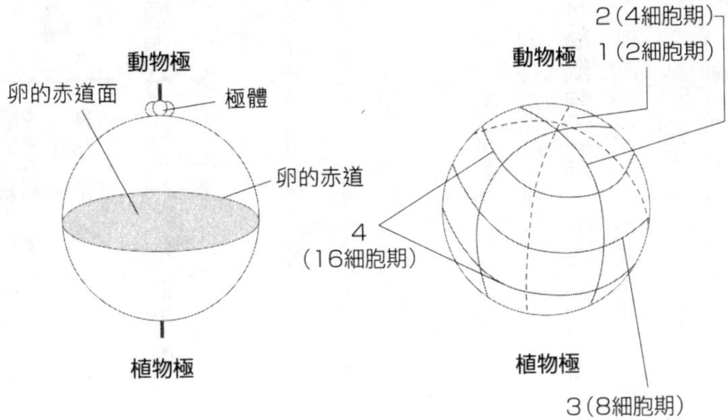

釋出極體的部位稱為動物極，其相反側稱為植物極

胚會分化出將來成爲表皮、腦神經等的外胚葉，將來成爲脊索、肌肉、腎臟、生殖器官等的中胚葉，以及將來成爲消化管等的內胚葉。三種胚葉細胞及其不同的組合方式，會逐漸形成各種器官。

接著，發生越來越完備。

「個體的發生」即是反覆系統的發生」，所以，人類在初期胎兒時具有如魚般的形體，然後逐漸改變，最後於產前成長爲完全的人。

及能夠分化為任何細胞的萬能性。受精卵就是最終的胚性幹細胞。

＊原腸胚

發生過程的其中一個時期，植物極側的細胞層開始陷落到卵裂腔內，形成原腸及其入口的原口。在這個階段會產生內胚葉、中胚葉、外胚葉等，不同的胚部分未來會形成不同的器官。

增殖與分化

★越是未分化的細胞，增殖力越強

◆增殖與分化是相反的狀態嗎？

從一個受精卵所開始的發生，就像是細胞的分裂增殖與分化的過程。

雖說是增殖（分裂）分化，但事實上對細胞而言，增殖與分化完全不同，甚至可以說是相反的。

一般來說，未分化的細胞具有較大的增殖力。未分化的細胞像細菌等，可以進行分裂增殖。而在人類身上，例如，受精卵或**ES細胞**等，未分化的細胞也具有較強的增殖力，但已分化的心肌或腦神經細胞等，則幾乎都不具增殖力。

就**癌細胞**而言，因爲細胞癌化而回到脫分化的未分化狀態，因此獲得較強的增殖力，導致癌症不斷擴大。

例如，胃細胞是明顯分化的細胞，一旦癌化，就會引起脫分化，使細胞不斷增殖，或是轉移到其他組織持續增殖。因此，已經開始嘗試藉著分化癌細胞來治療癌症。

＊ES細胞

Embryonic Stem cell。從在發生初期的胚盤泡內部細胞塊取出的胚性幹細胞，具有很強的增殖力和萬能性，用來製造複製動物，也期待可以應用於人類ES細胞的再生醫療上。

＊癌細胞

因為突變而癌化的細胞，具有極高的增殖力，會長生不死。

為什麼癌細胞會增殖呢？

越是未分化的細胞，通常增殖力越強。
分化細胞幾乎不具有增殖力。

〈胃癌化的例子〉

胃是明顯分化的細胞
↓
突變
↓
癌　化　　（脫分化）
↓
變成未分化狀態時會不斷的增殖、轉移

◆分化的成熟細胞無法用於再生醫療

一般來說，當細胞藉著一些信號開始分化時，細胞分裂停止，分化結束後，細胞再度開始增殖，累積到某個數目即停止增殖，再次朝下個步驟分化進行。反覆這麼做，分化成各種體細胞。

因此，分化的成熟細胞無法使用於再生醫療中。

再生醫療需要具有較強的增殖力、能夠分化成各種細胞的細胞，而具有這種性質的細胞，就是ES細胞或**體性幹細胞**。

＊**體性幹細胞**　存在於發生後期或成人體內的幹細胞，能夠分化的細胞種類有限，如果是配合目的的安全細胞，那麼，相容性應用於再生醫療中。

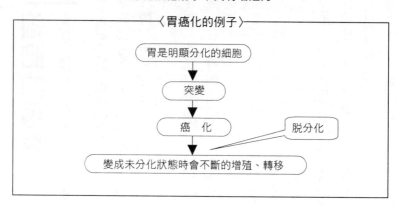

細胞的種類

★從僅僅一個細胞到產生六十兆個細胞的神奇

◆一滴血液裡就含有很多細胞

單細胞生物當然是一個細胞就成爲一個個體，細胞種類也只有一種。形成群體的生物會分工合作，但是，並沒有出現細胞種類的分化現象。

另一方面，多細胞生物則是分化的許多種類的細胞，形成器官、臟器、組織，各自發揮功能，全體取得絕妙的平衡，攜手合作成爲一個個體。

人體由大約二百種、六十兆個細胞所構成。在此無法就二百種細胞全部談及，但只要用顯微鏡觀察，就可以發現在一滴血液中有許多細胞。

紅血球是正中央如甜甜圈般的薄圓盤狀細胞，十分特殊，在分化的最後階段脫核，成爲不具有核的細胞。與氧結合，含有大量的**血紅蛋白**，因此呈鮮紅色。

在血液中，含有專門吞食異物的巨噬細胞或與免疫有關的淋巴球

＊**血紅蛋白** 存在於紅血球中，含有鐵的色素蛋白。具有與氧的結合性，負責將氧運送到組織。也稱為血色素。

動物的四種組織

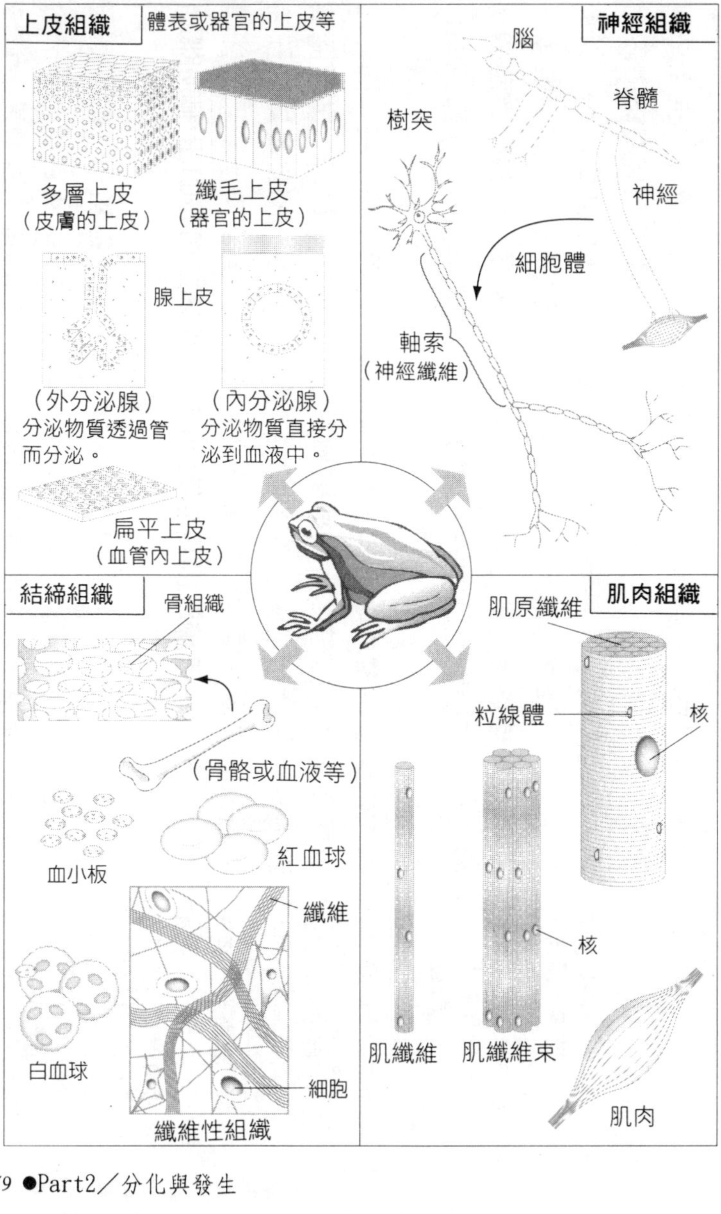
上皮組織
體表或器官的上皮等
多層上皮
（皮膚的上皮）
纖毛上皮
（器官的上皮）
腺上皮
（外分泌腺）
分泌物質透過管
而分泌。
（內分泌腺）
分泌物質直接分
泌到血液中。
扁平上皮
（血管內上皮）
神經組織
腦
脊髓
樹突
神經
細胞體
軸索
（神經纖維）
結締組織
骨組織
（骨骼或血液等）
血小板
紅血球
纖維
白血球
細胞
纖維性組織
肌肉組織
肌原纖維
粒線體
核
核
肌纖維
肌纖維束
肌肉

（在免疫監視構造初期發揮作用的**自然殺手細胞〈NK細胞〉**，以及同樣在生物防禦初期發揮作用的**NKT細胞**、製造抗體的**B細胞**、殺死癌細胞的殺手**T細胞**）等，存在著各種細胞。

◆所有器官是由各自具有不同特徵的數種細胞所構成

體表由扁平上皮細胞所覆蓋，其下方爲真皮細胞。腦爲星型的細胞體伸出長長的軸索，如網子一般互相連接成爲神經細胞，另外還有支持神經細胞、供給其營養的**神經膠原細胞**等許多細胞。肺、心臟、肝臟、腎臟、胃、腸、肌肉、骨骼等器官，是由各具特徵的數種細胞所構成。

二百種似乎很多，但想想自己身體的各種器官與臟器，就會發現這並不是個值得驚訝的數字。二百種細胞全都由一個受精卵細胞分化而來，分裂增殖爲六十兆個，這個過程的確令人感到驚訝。

以六十兆這個數字來看，受精後、懷孕的過程中，細胞的分化、增殖的確相當複雜而活絡。

就現在地球上的人口六十億來看，六十兆是其一千倍，由此可知數目相當龐大。

＊自然殺手細胞（NK細胞）
與免疫有關的淋巴球。監視癌細胞的發生或病毒感染，或加以攻擊及破壞。

＊NKT細胞
是最近發現的免疫系統細胞。存在於NK細胞與T細胞之間，在免疫監視構造中具有重要作用。

＊B細胞
一種淋巴球。與抗原相遇時會增殖分化，對抗原產生抗體。負責液性免疫工作。

青蛙的三胚葉與器官的分化

- 外胚葉
  - → 表皮、表皮性器官
  - → 感覺器
  - → 神經管 → 腦、脊髓、末梢神經系
- 中胚葉
  - → 脊索
  - → 體節 → 真皮、肌肉、骨骼
  - → 腎節 → 前腎、中腎、後腎
  - → 側板 → 體腔壁、生殖腺、循環系
- 內胚葉
  - → 消化管、消化腺
  - → 甲狀腺
  - → 浮囊、肺

六十億人口中，有各種不同人種及男女老幼，也有各種職業的人，人類不可能全都能夠互相了解。

但是在人體中，二百種以上的六十兆個細胞卻能夠互相協調、分工合作，保持微妙的平衡，一絲不亂的掌管生物體功能，遇到任何環境變化或細菌、病毒等入侵者，或是像癌細胞等內部叛亂者，都能夠保護自己，同時在七十、八十年的長久歲月中，能夠持續維持個體的生命。

由此看來，生命、生物、生物體真的是非常神奇。

＊T細胞

一種淋巴球。一旦發生感染就會增殖分化，包圍感染細胞，直接加以攻擊排除，是負責細胞性免疫的細胞之一。

＊神經膠原細胞

存在於腦內的巨噬細胞，特別稱為神經膠質細胞。負責吞噬存在腦內的異物或死亡細胞等。

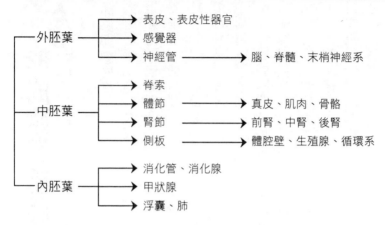

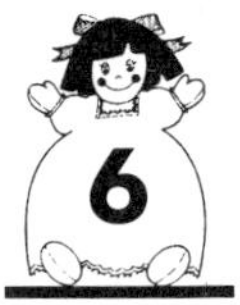

形成體與誘導因子

★決定命運發生的作用稱為誘導

◆調節卵與鑲嵌卵

大家已經知道，在發生的過程中，每個細胞都會增殖分化，那麼器官是如何形成的呢？

受精後，從卵裂開始，在裂細胞尚未分裂爲數個之前，每個裂細胞都是零散的，是否能夠成爲正常的個體，視生物的不同而有不同。卵裂進行到某種程度之前，各自的裂細胞要變成正常個體所發生的受精卵，稱爲「**調節卵**」。人類的受精卵也是調節卵。

同卵性雙胞胎的情形是，卵裂成爲二個細胞之後，因爲某種原因分爲二個裂細胞各自成長。像海膽或青蛙的受精卵也是調節卵。

另一方面，像梳形水母這種動物的受精卵，在受精卵階段就已經決定了日後的命運，十六細胞期的裂細胞一分爲二時，就會形成梳形板數目爲正常一半的個體，如果一分爲四，則會發生梳形板數目只有四分之一的個體。

裂細胞的一部分只能夠發生不完全個體的受精卵，稱爲「**鑲嵌卵。**」

***調節卵** 在發生初期，即使切除裂細胞的一部分，卻仍然能夠完全在幼生時成長的卵，稱為調節卵。海膽、青蛙、人類的卵都是調節卵。

***鑲嵌卵** 在發生初期，去除裂細胞的一部分，就會變成不完全的幼生卵，稱為鑲嵌卵。梳形水母的卵就是鑲嵌卵。

調整卵（海膽）與鑲嵌卵（水母）

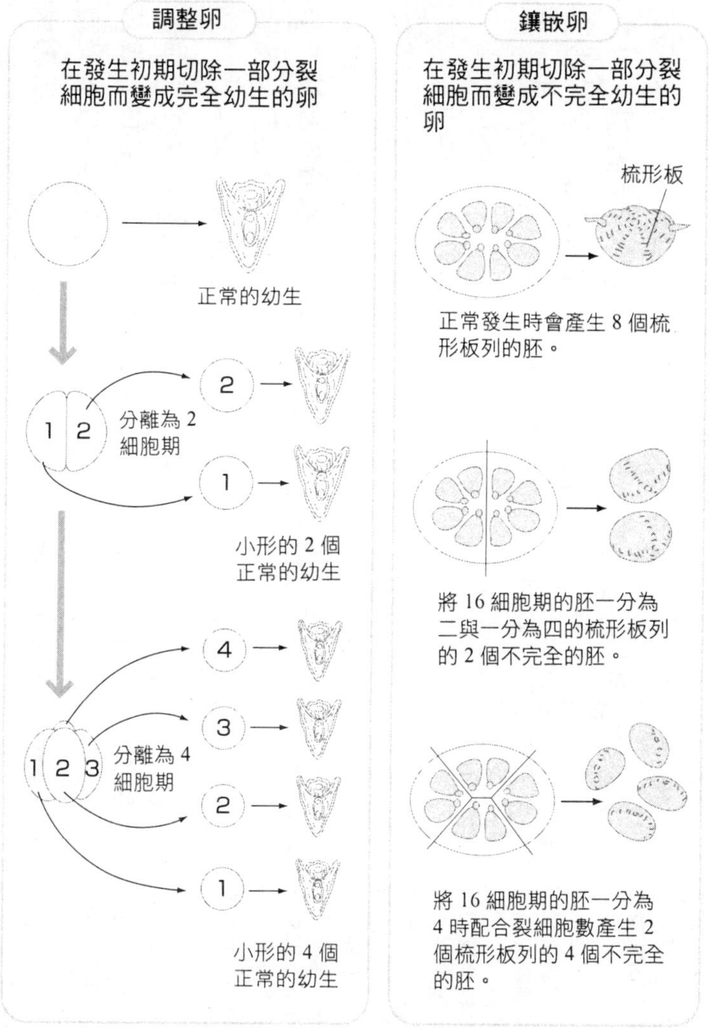
調整卵
在發生初期切除一部分裂細胞而變成完全幼生的卵
正常的幼生
2
1 2
分離為 2 細胞期
1
小形的 2 個正常的幼生
4
3
1 2 3
分離為 4 細胞期
2
1
小形的 4 個正常的幼生
鑲嵌卵
在發生初期切除一部分裂細胞而變成不完全幼生的卵
梳形板
正常發生時會產生 8 個梳形板列的胚。
將 16 細胞期的胚一分為二與一分為四的梳形板列的 2 個不完全的胚。
將 16 細胞期的胚一分為 4 時配合裂細胞數產生 2 個梳形板列的 4 個不完全的胚。

同卵性雙胞胎原本只有 1 個卵卻可以分為 2 個，這就證明了人類的卵是調整卵。

◆何謂「預定命運圖」？

就調節卵而言，當發生過程進入囊胚後期時，則胚的哪個部分會變成哪個器官已經決定好了。**伏格特**利用尼羅藍和中性紅等無毒色素的**生物局部染色法**，將蠑螈初期囊胚的一部分分別染色，觀察將來原腸胚的哪個部分會變成什麼器官。

因而完成了**預定命運圖**。這張預定命運圖是按照生物的種別來決定的，個體之間沒有差異。

但是，**漢斯施佩曼**取嬰兒的毛髮，將二種蠑螈的初期原腸胚放到伏格特的預定命運圖切出預定神經域及預定表皮域，進行交換移植，結果各移植片按照被移植處的命運，在預定神經域變成正常神經，在預定表皮域則形成表皮。

使用發生更進一步的後期原腸胚做相同實驗，情況則完全相反，移植到預定神經域的預定表皮域的移植片分化爲表皮，而移植到預定表皮域的預定神經域的移植片則分化爲神經。

換言之，蠑螈胚的各部分在初期原腸胚時期還未決定預定命運，而是在慢慢移行到後期原腸胚的期間才決定命運。

＊伏格特
W．伏格特是十九世紀後半到二十世紀前半的德國動物發生學家，製作了胚表的預定器官地圖（胚的預定命運圖）。

＊生物局部染色法
用毒性較少的色素只對生物體某部分進行染色的方法。伏格特使用尼羅藍、中性紅、甲基藍、苯胺棕等各種色素，將蠑螈胚的表面各部分分別染色，追蹤到底會變成何種器官，進而製作成胚的預定命運圖。

＊預定命運圖
顯示在胚表的哪個部分會變成何種器官的地圖。

生物局部染色法與預定命運圖

伏格特的生物局部染色法

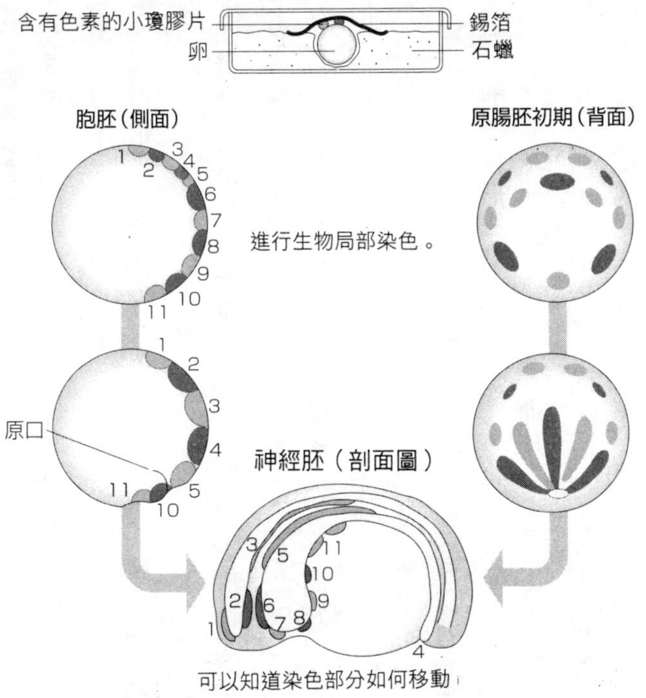

預定命運圖

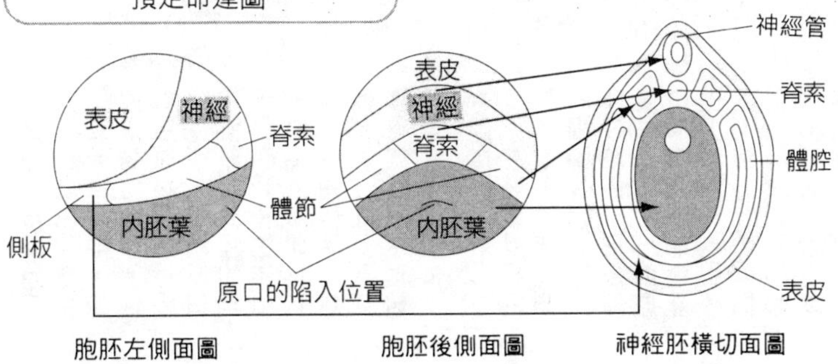

◆具有決定細胞未來能力的形成體

漢斯・施佩曼用毛髮連結蠑螈的初期**原腸胚**，將其一分爲二時，原口也一分爲二，各自形成正常個體。但是，如果原口只綁一邊，則含有原口的一邊會形成正常個體，而沒有原口的一邊就只會變成未分化的細胞塊。

基於這個發現，漢斯・施佩曼切出位於原口上部，將來會成爲脊索或中胚葉的預定命運域的原口背唇部，移植到同時期的其他胚，移植片不僅分化爲脊索和中胚葉，在其周圍誘導體節、腸管、腎節、神經管等，形成與原來一次胚不同的二次胚。

原口背唇部具有組合個體基本體制的能力，會對胚的其他部分發揮作用，這種決定發生命運的作用稱爲誘導，而像原口背唇部一樣具有誘導能力者，則稱爲**形成體**。

原口背唇部的前端膨脹形成腦，腦前方兩側的一部分膨脹，形成眼泡、突起。眼泡延伸，連接表皮背面，眼泡前端形成稱爲眼杯的陷凹處。眼杯和與眼杯接觸的表皮發揮作用，誘導晶狀體，晶狀體對表皮發生作用，誘導角膜，形成眼睛。

＊漢斯・施佩曼

十九世紀後半到二十世紀前半的德國動物學家。他利用原腸胚進行細微手術，發現原口背唇部對於胚的未分化部分產生作用，對發生命運具有決定性的作用（誘導）。一九三五年獲得諾貝爾生理醫學獎。

＊原腸胚

在發生過程的某時期，植物極側的細胞層開始陷入卵裂腔內，形成原腸及其入口的原口。這個時期會產生內胚葉、外胚葉、中胚葉的區別，也決定胚的哪個部分將來會變成何種器官。

卵的種類與卵裂的形式

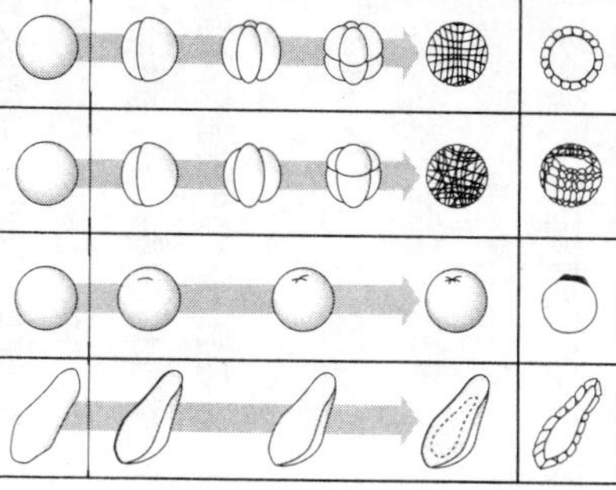

卵的種類		卵裂的形式		
等蛋黃	海膽、哺乳類	裂細胞的大小相等。	等裂	全裂
輕度端的蛋黃	兩棲類	裂細胞大小不均。	不等裂	全裂
強度端的蛋黃	頭足類、魚類 爬蟲類、鳥類	只有動物極側產生盤狀。	盤裂	部分裂
心蛋黃	昆蟲類 甲殼類	只有卵的表面發生。	表裂	部分裂

◆同種生物會形成相同體形的理由

原口背唇部是第一次形成體，接著連鎖性的引起第二次、第三次的各種誘導，最後形成生物的所有器官，完成整個個體。引起連鎖性誘導，形成各器官，所有器官都能夠以正確的順序、在正確的部位被製造出來，這就是同種生物沒有個體差異，能夠形成相同個體的根本原理。

這個誘導與何種物質有關呢？誘導物質的發現相當的困難。一九八九年日本的淺島誠先生（現東京大學研究所綜合文化研究科生命系教授）首次在荷蘭舉行的國際發生生物大會發表**苯丙酸諾龍**A有中胚葉誘導活性，這個發現刊載在隔年一九九〇年「根源的發生生物學雜誌」二月號中。

＊形成體

對原口背唇部的胚的未分化部分產生作用，對發生命運具有決定性作用（誘導）的就稱為形成體。

＊苯丙酸諾龍A

苯丙酸諾龍是能促進存在於卵泡液中的下垂體所產生的促濾泡激素的物質。苯丙酸諾龍也具有紅母細胞分化誘導活性。後來，淺島先生等人發現苯丙酸諾龍具有中胚葉分化誘導活性，因而得知它是發生時的分化誘導開鍵物質。

7 對於研究發生具有貢獻的各種生物

★海膽、蠑螈、青蛙、老鼠……等

◆蠑螈對於發生學的發展最有貢獻嗎？

學生是利用海膽來進行發生實驗，而在發生研究上最普遍使用的生物也是海膽。海膽很容易得到，而且會出現典型的卵裂，發生也較快，以顯微鏡觀察發生過程非常簡單，這就是會經常使用牠來做實驗的理由。

除了海膽之外，在發生研究上經常使用的生物還包括水母、蠑螈、線蟲、青蛙、果蠅、斑馬魚、雞、老鼠等。水母胚稱爲梳形板，具有獨特的構造（圖案），所以，較容易觀察到發生的異常等。

如前所述，蠑螈是繼伏格特、施佩曼以來，對**發生學**的發展最有貢獻的生物之一。構成線蟲身體的一千個細胞的系統，目前已經完全了解，許多的變異體可以冷凍保存，總基因組解析也已經完成，對於發生研究而言幫助極大。

果蠅在遺傳研究方面十分進步，許多變異體都已經加以管理，總基因組的解析也已經完成，決定複眼的器官形成以及稍後談及的生物

＊**發生學** 研究受精後受精卵如何進行卵裂、如何產生變化、如何進行器官形成、如何變成幼生的學問。

各種動物的特徵

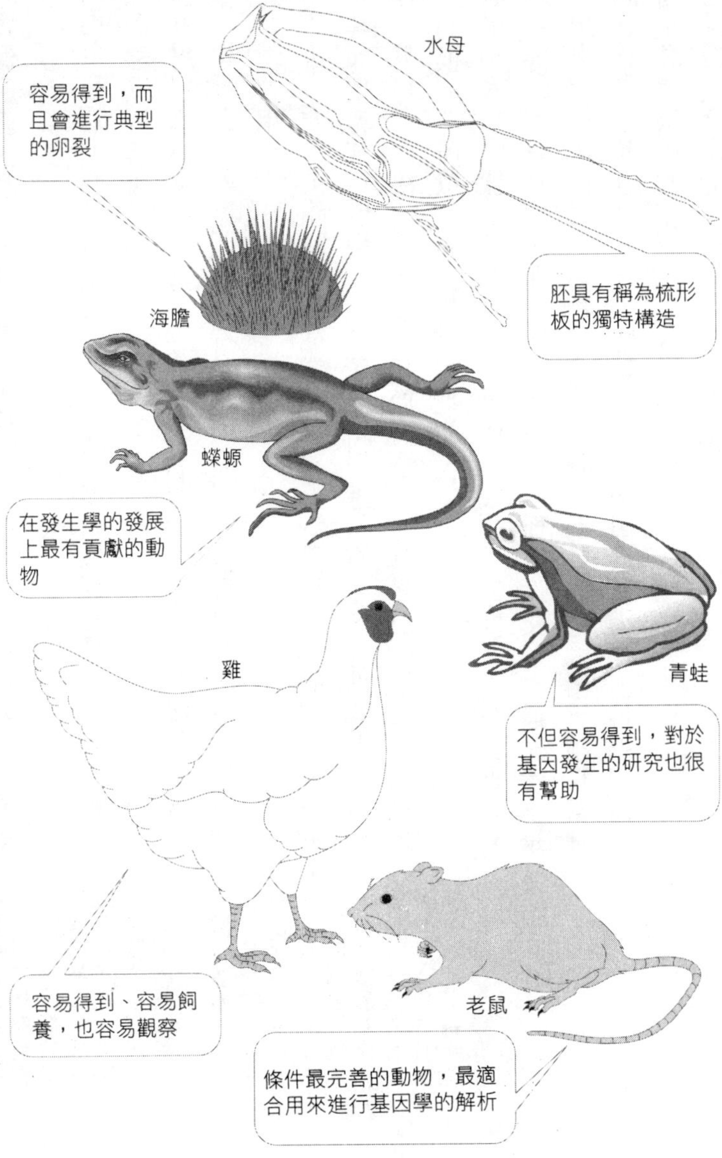
水母
容易得到，而且會進行典型的卵裂
胚具有稱為梳形板的獨特構造
海膽
蠑螈
在發生學的發展上最有貢獻的動物
青蛙
不但容易得到，對於基因發生的研究也很有幫助
雞
容易得到、容易飼養，也容易觀察
老鼠
條件最完善的動物，最適合用來進行基因學的解析

形狀的**類似匣基因群**（homeobox genes）等的發現，都顯示其研究非常進步。

斑馬魚在初期胚階段是透明的，藉由**原位雜交**（in situ hybridization）等可以觀察基因發現的情況。

青蛙材料容易得到，導入其他生物的基因、導入**反股RNA**（antisense RNA）等可以抑制特定基因發現的技術已經確立，對於發生研究非常有用。

關於雞方面，則隨時可以從業者那兒得到受精卵，省去了飼養的工夫。其卵裂方式爲盤裂，在蛋黃上可以進行發生，打開蛋殼，進行胚操作，就可以直接使其發生，易於觀察。尤其是翼的形成，堪稱器官形成的模型，所以，研究相當的進步。

老鼠和人類同樣是哺乳動物，不僅在發生學方面，在各方面都可說是最完善的實驗動物。在遺傳學上系統（稱爲近交系）最完善，是最適合用來解析遺傳學的動物。最近，關於老鼠的基因組解讀相當進步，而且確立了ES細胞，因此製作了很多**破壞基因鼠**，可以明白什麼基因在發生過程的哪個部分會發揮作用。

選擇最適合研究目的的生物非常重要。

＊類似匣基因群
擁有稱為類似匣的一八〇個鹼基配對的特有共通序列的基因群，是決定器官或組織大小和形態的基因群。

＊原位雜交
在組織中時，可進行DNA—DNA或DNA—RNA的對合反應（具有互補鹼基序列的DNA與DNA或DNA與RNA結合形成雙鏈），調查哪個組織存在何種基因的方法。

破壞基因鼠的製作方法

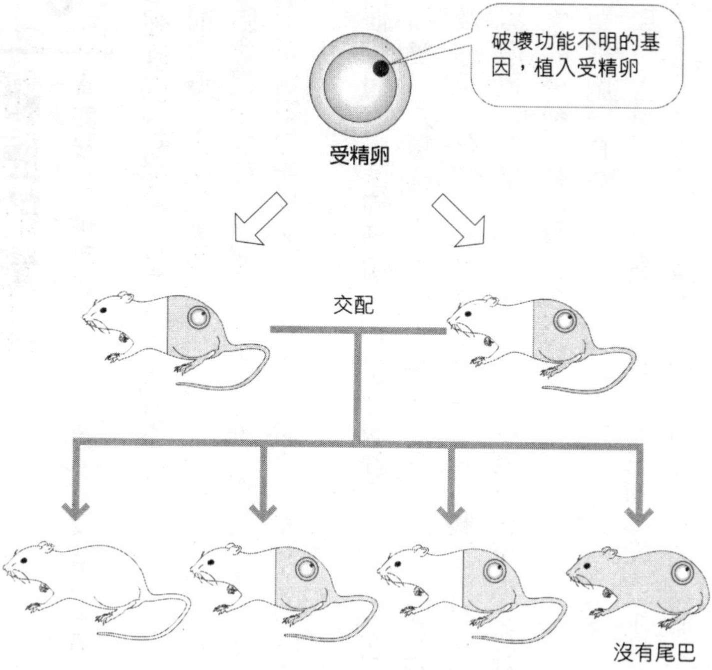

由這個實驗可以得知，實事上功能不明的基因是製造尾巴的基因。

＊反股RNA

與mRNA互補的單股RNA。使用這個RNA分子，就可以抑制特定基因的發現。使用反股RNA，可以抑制致癌基因等的發現，藉此或許可以治療癌症。

＊破壞基因鼠

某個特定基因導入變異，就會欠缺某個基因。製造出破壞基因鼠，可以在解析基因功能或製作模型動物時發揮威力。

細胞的壽命

★即使技術再進步，但生命體還是其壽命界限

◆人類細胞的分裂次數以六十次為限嗎？

如前所述，發生的過程即是反覆分裂增殖與分化的過程。另一方面，細胞會遭受內外界的各種攻擊，經常受傷，進而老化、死亡。人體由六十兆個細胞所構成，除了腦和肌肉等細胞之外，其他都會經常更新。

單細胞如大腸菌等細菌，如果環境條件良好，就會不斷的分裂、增加。那麼，人類細胞是否和大腸菌一樣，可以分裂增殖出很多數目呢？受精卵及分化初期的ＥＳ細胞等，和大腸菌一樣，可以進行無數次的分裂增殖，但是，到了某個程度成爲分化更進步的細胞時，亦即超過一定的分裂次數就無法再分裂了。

人類細胞一旦分裂五十幾次到六十次，就無法再分裂而自毀（apoptoses）。這個可以分裂的次數，依生物種類的不同而不同，早就已經決定好了。換言之，細胞具有生物種特有的壽命（細胞壽命）。決定分裂次數的，則是在染色體兩端的**尾端粒**（telomere），這就是特

＊**尾端粒**　真核生物的染色體兩末端如尾巴般的ＤＮＡ序列，在細胞每次分裂時會縮短，縮短到一定長度以下時，細胞就無法再分裂而死亡。

尾端粒決定細胞的壽命嗎？

尾端粒 ＝ 在染色體端的暗號。
每次細胞分裂時就會縮短。

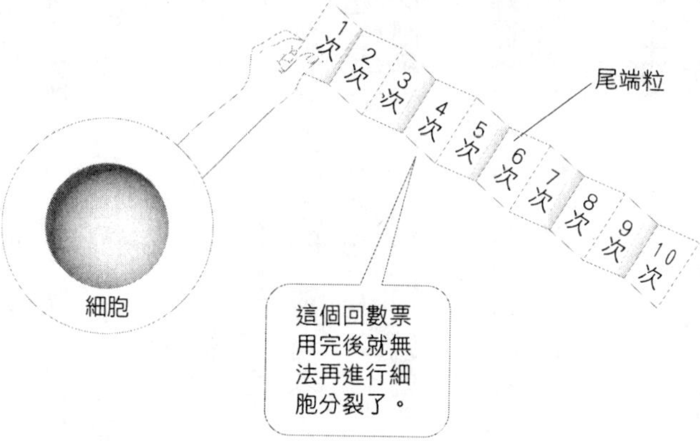

〈尾端粒的想像圖〉

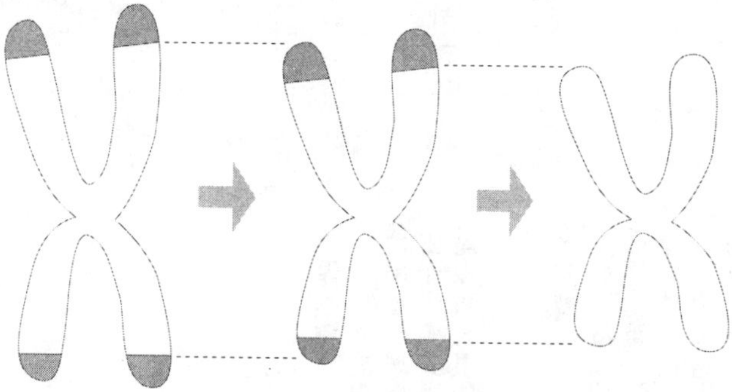

以這樣的方式每次分裂時就會縮短！

殊序列的DNA尾端。每次細胞分裂時，尾端粒會減少縮短，縮短到一定長度以下時，細胞就無法再分裂而自毀。

這就好像決定好乘車次數的回數票一樣。尾端粒的長度在分裂一次後會縮短多少，依生物種類的不同而有不同。換言之，生物種類決定了細胞壽命。就人類而言，大概就是六十次。

但是在人類的細胞中，未分化細胞及癌細胞就算分裂了六十次，也還能夠繼續分裂增殖。在未分化細胞和癌細胞中，發現許多能夠將分裂時縮短的尾端粒恢復爲原先長度的**尾端酶**（telomerase）。這就好像影印回數票而以不正當的方式來使用一樣。

因此，只要能夠抑制相當於影印機的尾端酶的作用，就可以遏止癌細胞的增殖或治癒。

基於這種想法，**篩選**出了新型的抗癌劑，尾端酶抑制劑，已經開始進行臨床開發，也許在不久的將來就可以實用化。

*尾端酶　對於經由分裂而縮短的尾端粒產生作用，具有保持尾端粒長度的功能。

*篩選　基於某項規定選擇物質。注意某種活性，從許多化合物中挑選出候選的藥物。

◆複製動物是如何製造出來的？

複製動物就是去除ES細胞的核，移植到取出核的其他受精卵或體細胞中製造出來的。特別是體細胞複製動物，可以製造出與成體完

細胞壽命是否可以延長呢？

細胞分裂時尾端粒會縮短，縮短到某種程度時就無法再分裂了！

↓

如果能複製尾端粒，是否就能延長細胞壽命呢？

↓

具有這種功能的就是尾端？

能夠讓尾端粒恢復原先長度的酵素

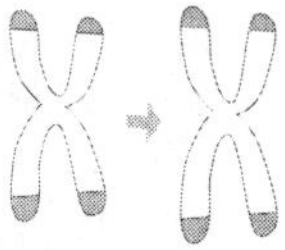

↓

卵子或精子等生殖細胞分裂時，能夠旺盛的發揮作用，但是遇到其他細胞時會停止功能。

↓

如果能夠控制這個作用，那麼是否就能夠製造出長生不死的細胞呢？

↕ 相反的作用

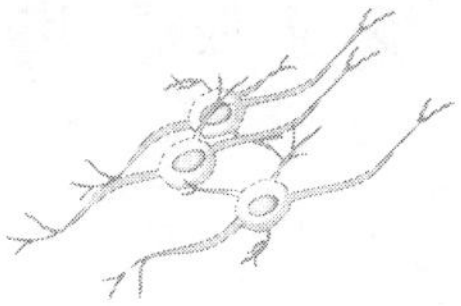

關於癌症治療方面，目前正在研究是否可以逆向操作，抑制這種尾端酶的作用以遏止癌細胞增殖。

全相同的動物，而且可以製造出好幾個個體，這彷彿夢幻般的技術，備受矚目。關於體細胞複製動物的製作，世界上首次成功的是蘇格蘭洛斯林研究所複製出來的「桃莉」羊。現在也誕生體細胞複製牛、複製猴。至於複製人，則基於倫理的問題，許多國家限制研究，然而就技術來說，隨時都可以誕生複製人，這並不足爲奇。

觀察研究複製羊「桃莉」，發現體細胞複製動物技術所製造的動物壽命較短，其原因就在於尾端粒。

體細胞複製動物的染色體，是來自核的提供者成體，染色體兩端的尾端粒長度與提供核時成體的尾端粒長度相同。成體已經生存了多少年，該細胞也已反覆分裂增殖相應的次數，因此，尾端粒也隨著年齡而縮短。

換言之，雖然可以誕生體細胞複製動物，可是卻只擁有較短的尾端粒，就好像是接受已經使用過幾張的回數票一樣，因而壽命較短。

像桃莉羊或其他體細胞複製動物，雖說因爲還沒有經過長期的觀察研究所以還無法得到最終的結論，但這也可以說是夢幻技術出人意料之外的缺失。不過即使如此，但如前所述，若是使用尾端酶進行核移植前處理，也許就可以加長尾端粒的長度，然後再進行移植。這樣

複製動物與尾端粒的關係

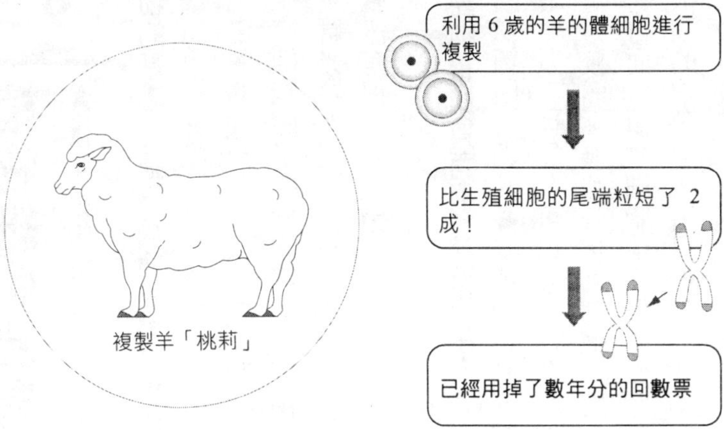
利用 6 歲的羊的體細胞進行複製
比生殖細胞的尾端粒短了 2 成！
已經用掉了數年分的回數票
複製羊「桃莉」

一來，或許就可以讓體細胞複製技術更安全、更有意義。

◆再生醫療與細胞壽命的關係

總之，生存的生物體細胞的確有其生物種固有的壽命。多細胞生物的壽命並非只靠細胞壽命來決定，而是各種複雜因素累積出來的結果。

細胞是構成生物體的基本單位，細胞有壽命，就證明生物體有其固有的壽命。

不光是製造複製動物，在探討本書的主題再生醫療時，細胞壽命也是非常重要的問題之一。

植物細胞具有萬能性嗎？

★複製植物可以輕易製造出來嗎？

◆植物的基本細胞其構造和動物相同

雖然植物細胞和再生醫療沒有直接關係，但是，爲了確認其與動物細胞之間的差距，所以，在此我想稍微探討一下植物細胞。

植物細胞除了在細胞膜外側有由纖維素構成厚而堅固的細胞壁，以及掌管光合作用，稱爲葉綠體的胞器和大的液胞之外，基本上和動物細胞沒有很大的差距。

◆與動物相比具有很高的再生力

動物細胞，尤其像受精卵和ＥＳ細胞等未分化的發生初期細胞，擁有增殖力，也具有可以分化爲各種細胞的能力，但是，已分化細胞的增殖力較弱，無法分化爲其他細胞。

另方面，植物細胞中，尤其像莖和根尖端附近的生長點的細胞，具有很強的增殖力。將以無菌方式切出生長點的細胞置於放入培養基的器皿中培養時，細胞會不斷的進行分裂增殖，形成稱爲**癒傷組織**（

***癒傷組織**
植物細胞失去分化力的狀態，成為不定形的細胞塊而增殖。

植物激素的種類

茁長素 ➡ 促進細胞分裂、伸長，以及促進頂芽的成長、發根等。

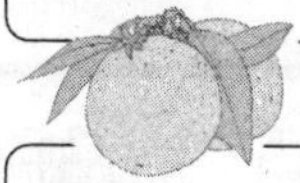

赤黴素 ➡ 促進伸長成長、種子的發芽、多房的發達、單為果實。

用來生產
無籽葡萄

細胞分裂素 ➡ 促進細胞分裂、葉的生長及防止老化。

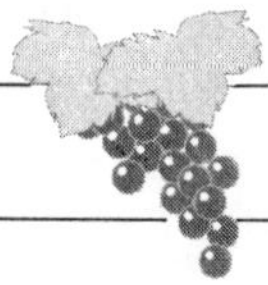

醚浸出菌素 ➡ 促進果實的成熟。

etc.

callus）的塊狀物。

在瘉傷組織上給予某種植物生長激素，就會開始分化，而產生根、莖、葉等，最後又變成原先完整的植物體。不必進行核移植等困難的操作，利用這個方法就可以複製出大量植物，所以植物的體細胞具有萬能性。

並不是任何植物都可以從體細胞形成癒傷組織而讓植物體再生。事實上，癒傷組織培養法已經應用在生產有用的植物性物質上。植物體再生法也被當成園藝品種的增產法來加以利用。

蜥蜴的尾巴斷了還會再長出來

片蛭是不死之身嗎？

再生的希臘之神水螅

利用再生力增殖的大和姬蚯蚓

何謂類似基因群？

人體可以再生嗎？

Part 3

神奇的生物再生力

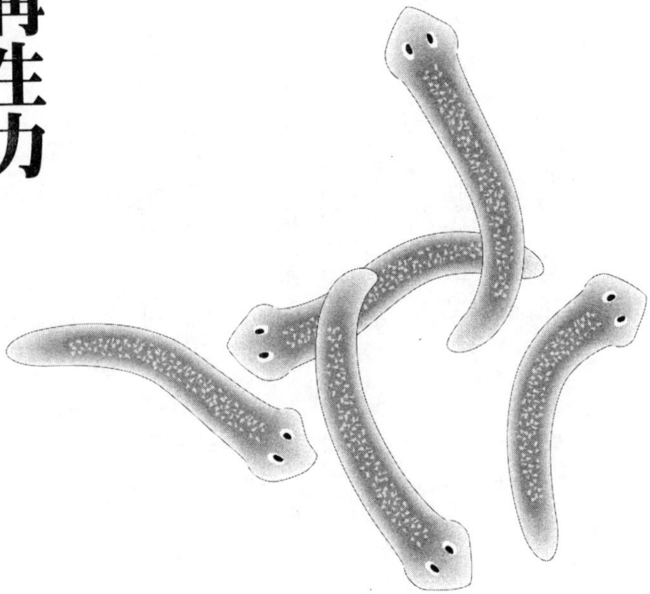

蜥蜴的尾巴斷了還會再長出來

★人類所沒有的蜥蜴尾巴再生力

◆蜥蜴為了保護自己會斷尾求生

最近在都市已經看不到蜥蜴了，但是，在筆者孩提時代，到處都可以看到蝴蝶、蟬、蜻蜓等昆蟲以及青蛙、泥鰍等，住家周圍也可以看到蜥蜴等。孩子們看到閃耀著彩虹光芒、動作迅速的蜥蜴，當然深感興趣，甚至大膽的想要去抓牠。

可是又害怕被咬，所以，就從蜥蜴的身後接近，趕緊用手壓住蜥蜴的尾巴，結果蜥蜴卻留下尾巴而逃到石縫裡去了。被捨棄的尾巴就像蛇一樣的蠕動著，我把這件事情告訴父親時，父親說：「蜥蜴是爲了保護自己而切斷尾巴逃走，牠會再長出尾巴哦。」

現在一些政商名流犯罪時，總是將責任推給秘書或部屬，自己則逃之夭夭，這種作法就稱爲「蜥蜴斷尾」。

人體受傷時，如果也能夠像蜥蜴的尾巴一樣再生，那該有多好。

試著抓住蜥蜴的尾巴看看……

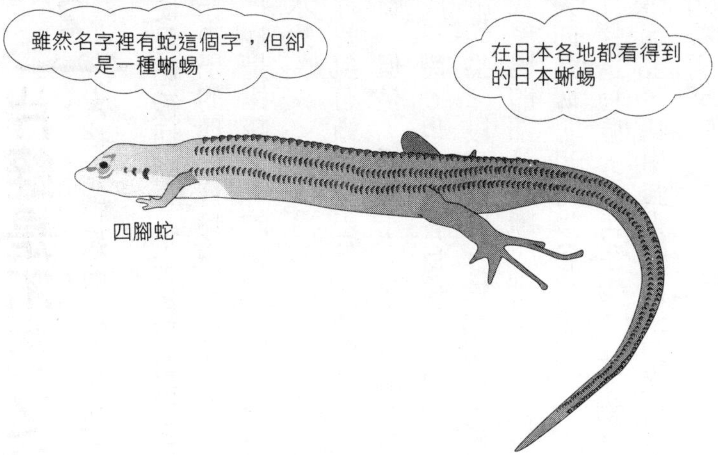
雖然名字裡有蛇這個字，但卻是一種蜥蜴
在日本各地都看得到的日本蜥蜴
四腳蛇

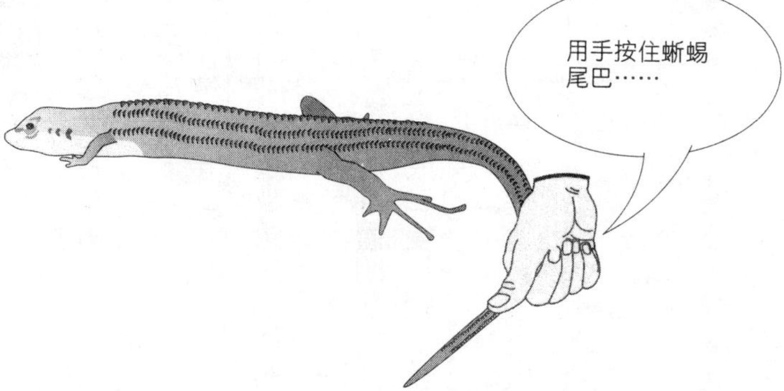
用手按住蜥蜴尾巴……

會切斷自己的尾巴而逃走，而且斷掉的尾巴不久之後又會再生。

2

片蛭是不死之身嗎？

★擁有蜥蜴的尾巴無法匹敵的強大再生力

◆即使身體被切斷，十天後又會再生為二隻片蛭

在中學的理科實驗中，很多人都做過「片蛭的再生實驗」。片蛭是比較低等的扁形動物，擁有三角頭，看起來像是小型的蛞蝓或水蛭。

片蛭擁有蜥蜴尾巴無法匹敵的強大再生力，即使身體的任何部分被切斷，但是，經過十天左右就能夠各自再生，變成二隻片蛭。就算被切成三段，也可以各自再生，變成三隻片蛭。

縱切爲二段或三段，也能夠再生爲完整的片蛭。從比較接近頭的部分或尾巴的部分切斷，則這二個部分都可以重新長出頭或尾巴。就算是大卸八塊，也可以各自再生。

片蛭這種強大的再生力，和植物插枝的增殖法非常接近。

事實上，利用強大的再生力來增殖的還有大和姬蚯蚓。關於這一點，稍後再談。

不管從哪個部分切斷都能再生

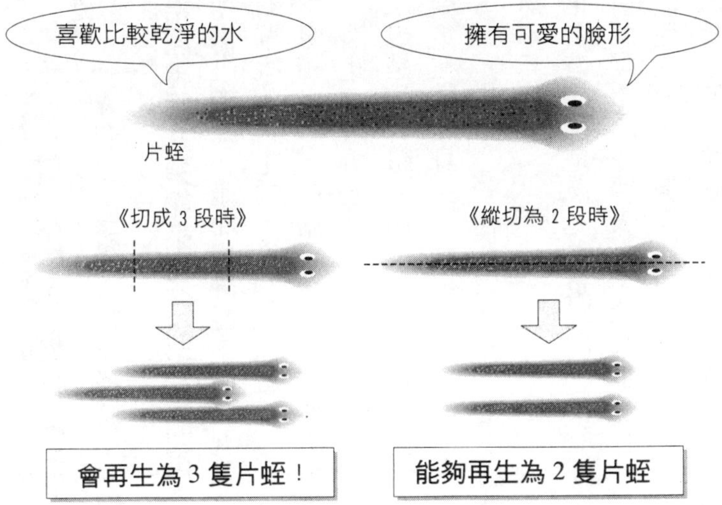

喜歡比較乾淨的水
擁有可愛的臉形
片蛭
《切成 3 段時》
《縱切為 2 段時》
會再生為 3 隻片蛭！
能夠再生為 2 隻片蛭

◆最近才了解片蛭的再生力

爲什麼片蛭擁有人類難以想像的超強再生力呢？直到最近才了解其再生構造（參照九十四頁）。

被切斷頭的片蛭，其頭部還是可以從身體再生出來，所以，片蛭被當成了解記憶構造的材料來使用。

再生的希臘之神水螅

★利用生殖、出芽增殖，具有神奇的再生力

◆以希臘神話九頭蛇來命名的水螅的再生力

所謂九頭蛇，是**希臘神話**中擁有九個頭的蛇，不論怎麼被切斷，都具有強大的再生力，能夠復活。

水螅和水母、珊瑚同類，屬於**刺胞動物**的水螅，也具有強大的再生力，因此，以希臘神話中的九頭蛇來命名。

水螅是具有超強再生力的生物，從十八世紀中葉起，研究者的目光就聚集在牠的身上。水螅附著在池沼中的水草、枯葉或石頭上，以水蚤為食，體長〇．五～二公分，是由內外兩層細胞層構成的細長袋狀生物。

正上方的洞是口，也是肛門。口的周圍會伸出十根左右如繩子般的放射狀觸手。在體表上，尤其是觸手，有很多帶有刺線的刺胞，會將毒液注入敵人或獵物體內。

水螅是**有性生殖**，也以出芽的方式增殖，就算身體被切成數段，每一段都可以再生還原。

＊希臘神話　西元前五世紀古希臘時代所寫的眾神故事「神聖紀」。在書中登場的眾神名字，被用來為行星命名或成為星座的名字，至今依然流傳。

＊刺胞動物　水母、海葵等擁有刺胞的動物。

＊有性生殖　卵子與精子二個配子的合體（受精）形成新個體的生殖法。

水螅的特徵

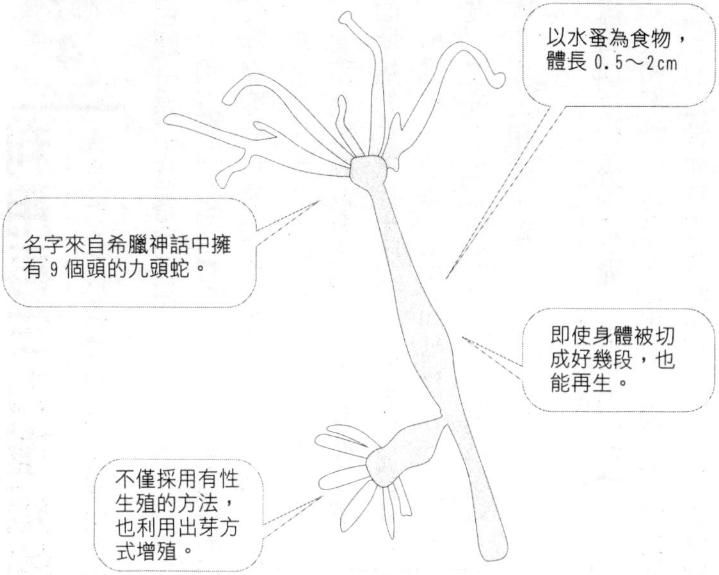
以水蚤為食物，
體長 0.5～2cm
名字來自希臘神話中擁
有 9 個頭的九頭蛇。
即使身體被切
成好幾段，也
能再生。
不僅採用有性
生殖的方法，
也利用出芽方
式增殖。

◆近年來水螅備受矚目的理由

近年來，再次注意到水螅強大的再生力，使用**蛋白質組**的手法進行研究，發現與器官形成等有關的蛋白或酶等。

此外，水螅也成爲內外胚葉系的模型，被用來研究內外兩層細胞層的相互作用。

＊蛋白質組 生物生存所需要的一組完整蛋白質，是和 genome/gene 對抗的新詞 proteome/protein。

利用再生力增殖的大和姬蚯蚓

★自行分散再增殖的特異再生現象

◆自體分為十個各自再生

大和姬蚯蚓是比扁形動物片蛭更高等的環形動物，擁有腦、神經系統等高度分化的組織。最近，注意到大和姬蚯蚓是新的再生模型動物。換言之，大和姬蚯蚓的再生現象是非常特異的增殖現象。

大和姬蚯蚓也會產卵，進行有性生殖，但是，通常是藉著無性生殖而增殖的。無性生殖的方法是，自體從節的裂縫各自分離成十個片段，稱爲破片分離。這十個破片會在十天～二週內再生，恢復原先的長度，變成十隻大和姬蚯蚓。反覆這麼做，則二、三個月後就會複製出數萬隻大和姬蚯蚓。

◆擁有高度的分化組織，再生力很強

大和姬蚯蚓是高度分化的動物，在細長的體內，腦、神經系統很發達，消化管從身體的前端到後端，依序排列著口、食道、胃、腸、肛門。其消化管的排列方式，可以藉著**鹼性磷酸酯酶**（ＡＬＰ）這種

＊**鹼性磷酸酯酶**（ＡＬＰ）　在鹼性側擁有最適當pH值的磷酸酶。包括在腸管發現較多的ＡＬＰ以及和在骨骼發現較多的ＡＬＰ。

大和姬蚯蚓的生殖構造

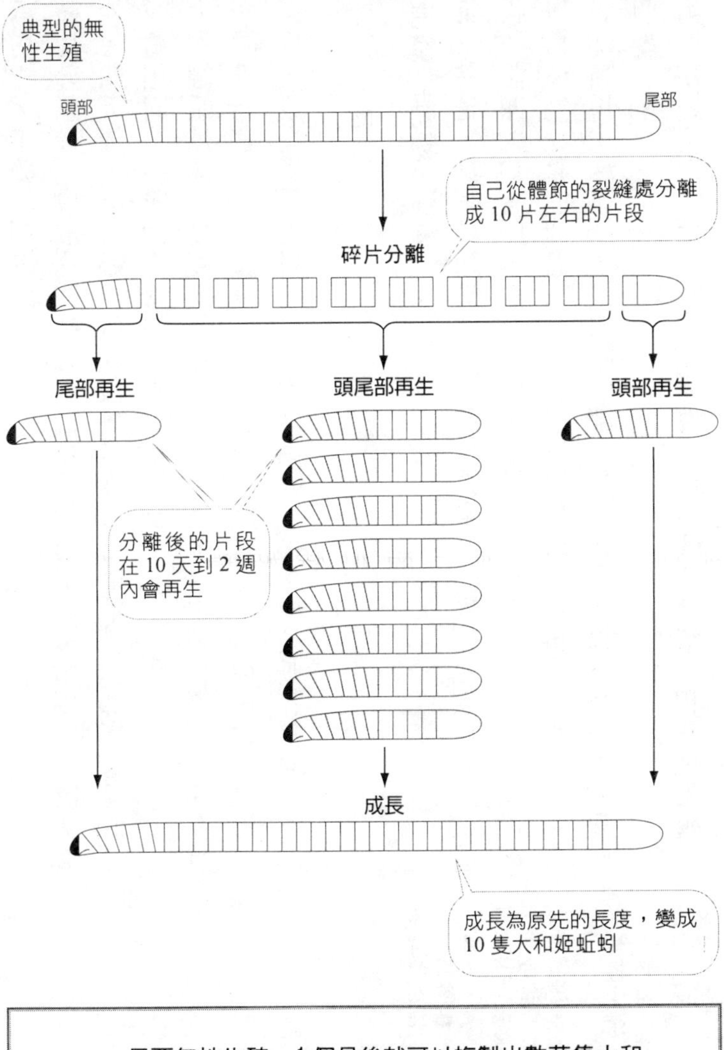

反覆無性生殖，1 個月後就可以複製出數萬隻大和姬蚯蚓，因此，成為備受矚目的新的再生模型動物。

酵素爲指標，正確的調查出來。

破片分離後，會依片段到底來自身體的何處而顯示出不同的ＡＬＰ活性。四天後，不管哪一個片段，其ＡＬＰ的活性分布形態都和原先的成體相同，完成消化管的再生。

大和姬蚯蚓擁有高度的分化組織，但是，再生力也很高，要在實驗室內飼養非常簡單。體長只有一公分，體壁透明，很適合用來觀察再生過程，成爲備受矚目的再生模型動物。再生模型動物具有以下的特徵。

◆再生模型動物的特徵

第一點是，具有體節構造，以體節爲單位的再生現象可以用來進行解析。體節大約有四十到五十個，但是，甚至只要從二、三個體節就可以再生爲完整的成體。光是自己破碎分離可以再生，也可以用人工方式切斷再生。不過，只去除頭部且長度在六節以下時，就會變成雙頭個體。

第二點是，大和姬蚯蚓是以**無性生殖**（**破片分離**）和**有性生殖**（**卵**）二種方式來增殖，因此可以實驗方式誘導無性生殖與有性生殖。

＊無性生殖
無須藉著分裂、出芽、孢子生殖等配子（卵子、精子）合體（受精）的生殖法。

＊有性生殖
必須由卵子、精子等二個配子合體（受精）才能夠形成新個體的生殖法。

大和姬蚯蚓的雙頭再生

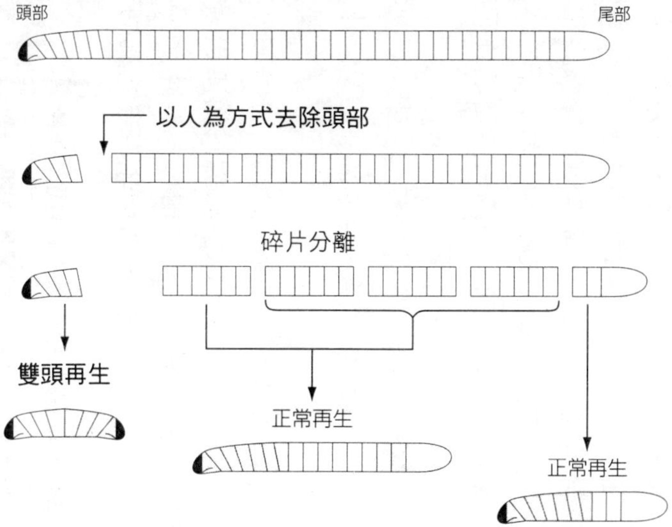

換言之，可以將無性生殖（破片分離）的再生與有性生殖（卵）的發生加以比較觀察研究。

藉此可以明白發生與再生的共通性和相異點。隨著基因研究的進步，相信對於許多動物可以發生卻無法再生，亦即對於許多生物的發生、再生構造的解析一定有所貢獻。

大和姬蚯蚓可以藉著無性生殖持續增殖，成爲長生不死的研究材料。

何謂類似基因群？

★在胎兒等的發生過程或再生時發現的

◆決定器官形成的基因在何處？

在Ｐａｒｔ2曾經提到，來自受精卵的發生過程中的器官形成，是藉著**形成體**或**誘導物質**發揮作用。在Ｐａｒｔ3則敘述過一些動物的神奇再生力。但是，生物的身體爲什麼有既定的大小與形態，則依然成謎。

一九八〇年代初期，進行果蠅的「**觸角柄複體**」（antennapedia complex）的研究而有以下的發現。其複體是腳取代原有的觸角而長出來的。

因爲腳取代了觸角，所以，要更換幾百個基因。換言之，在體內存在著會對一些基因造成影響的控制基因，這也表示存在著在生物體的哪個位置會形成什麼大小、什麼形狀的器官的基因。於是發現了稱爲類似匣的一八〇個鹼基配對的特有基因。

擁有鹼基核序列基因的，除了果蠅之外，還有青蛙、老鼠、人類等，稱爲類似基因群。這個基因群掌管在身體的哪個部位會形成何種

＊形成體

像原口背唇部等對胚的未分化部分產生作用，具有決定發生命運功能（誘導）的，就稱爲形成體。

＊誘導物質

在發生過程中，各種器官藉著形成體被誘導形成。誘導是藉著由形成體所產生的苯丙酸諾龍A等誘導物質造成的。

＊觸角柄複體

果蠅的類似基因異常，腳取代觸角從臉上長出來的複體。這是發現類似基因群的契機。

果蠅的突變

正常

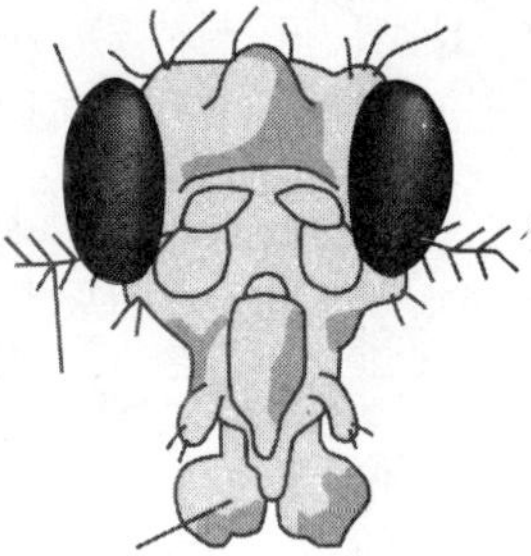
通常這個位置
會產生觸覺

突變

類似基因變異而長出腳 却

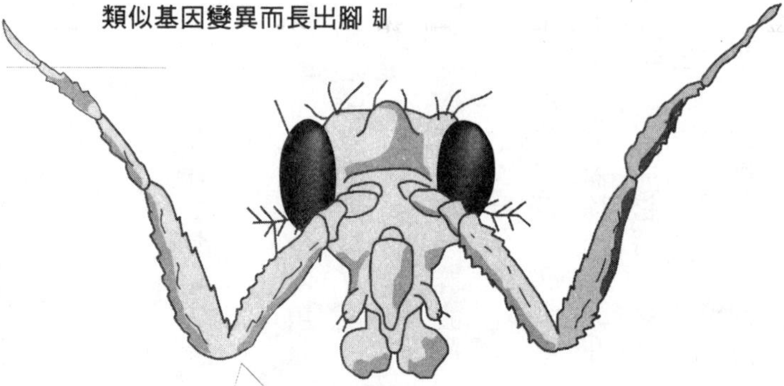
這個例子是，通常會產
生觸覺的部分長出了腳

如上例所述，1 個器官或組織變成為另 1 個器官或組織的突變，稱為類似基因突變。

器官，是這類生物共通的基因群。類似基因群通常是以四肢形成形態來加以研究。

◆蜥蜴尾巴會再生是類似基因群之賜嗎？

最近，由於破壞基因鼠製造技術的完成，可以製造出去除類似基因的老鼠，因此，得以更進一步的進行詳細的研究。

人類等許多高等動物，在胎兒等的發生過程中，就已經發現類似基因群，而且會發揮功能。等個體完成後，尤其是成體，則幾乎沒有發現。然而再生力較強的動物，即使成爲成體或再生時，也發現類似基因群，而且能發揮功能。像蜥蜴的斷尾，就是因爲類似基因群發揮功能而得以再生。

對於本書的主題再生醫療來說，類似基因群的發現，具有非常重大的意義。一五二頁所述，再生醫療之一就是「再生臟器移植」，在打算移植時，爲了形成臟器，必須發現類似基因群。

試管內（in vitro）培養組織的幹細胞，以人工方式形成臟器，落在例如，培養骨髓幹細胞，可以誘導脈動的心肌。如果以平常的方式培養，就不能讓心臟成形。腎臟、肝臟也是如此。

＊in vitro
在試管內。

類似基因群是器官形成的司令塔嗎？

類似基因群　＝　擁有特殊序列的基因群，會下達指令，使身體的某部位形成某器官

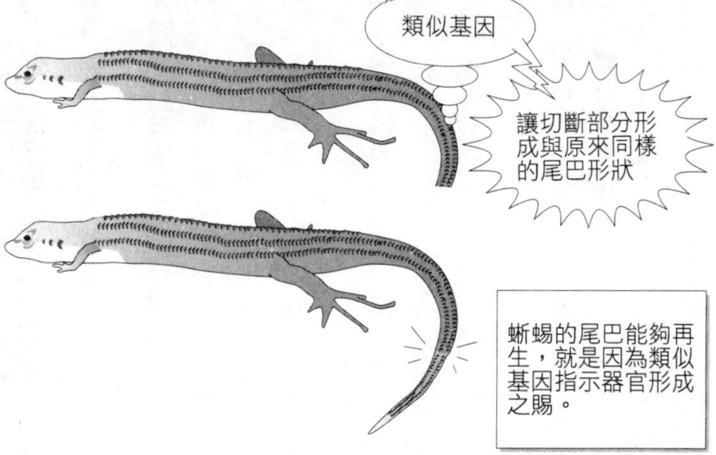
類似基因
讓切斷部分形成與原來同樣的尾巴形狀
蜥蜴的尾巴能夠再生，就是因為類似基因指示器官形成之賜。

只有發現控制、規定該臟器形態的類似基因群，才能夠辨到這一點。

形態形成是非常複雜精巧的過程，要加以實用化，可能還需要經過一段長久的時間，不過現在已經開始著手進行了。

6 人體能夠再生嗎？

★不能忽視的人體再生力

◆大部分的人體細胞每半年就會再生

如果切斷的手指也能夠像蜥蜴尾巴一樣再長出來，那該有多好？如果腎臟壞了能夠再生，那就不需要進行人工透析了。

前面提到具有強大再生力的生物，那麼，人體是否具有這種再生力呢？

人類的腦神經系統與心肌沒有再生力，但是，其他臟器和細胞卻有某種程度的再生力，尤其像造血系的細胞、皮膚和肝臟等都具有強大的再生力，因此，就算捐出了四百毫升的血液，一個月後就會恢復原狀。

肝臟切掉一半以上，在一、二個月後又會回復到原先的大小，所以，可以進行**活體肝臟移植**。

皮膚等的受傷，一週內傷口就會結痂，長出新的皮膚。這並不奇怪，因爲人體細胞每半年就會完全更換爲新的細胞，所以，人體也具備相當強的再生力。

＊**活體肝臟移植** 參照一九〇頁

血液與皮膚具有極高的再生力

《即使捐血……》

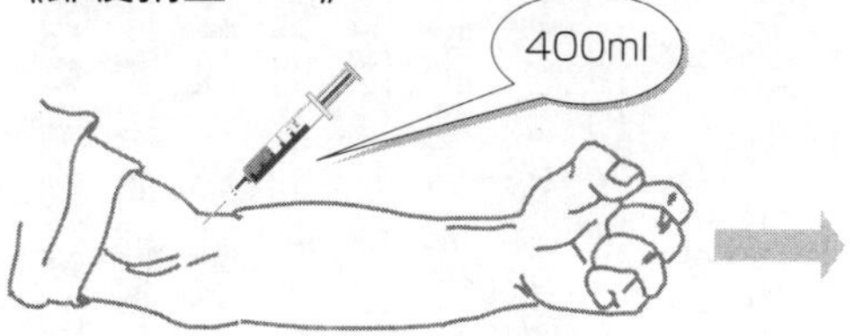

大約 1 個月就能恢復為原來的血量

《膝蓋受傷時》

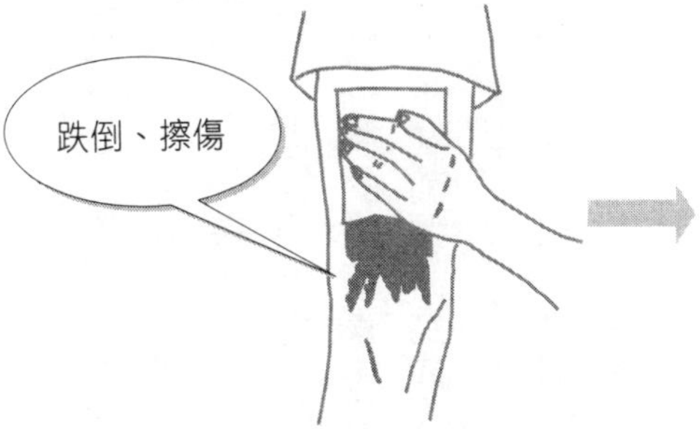

1 週左右皮膚就能再生還原

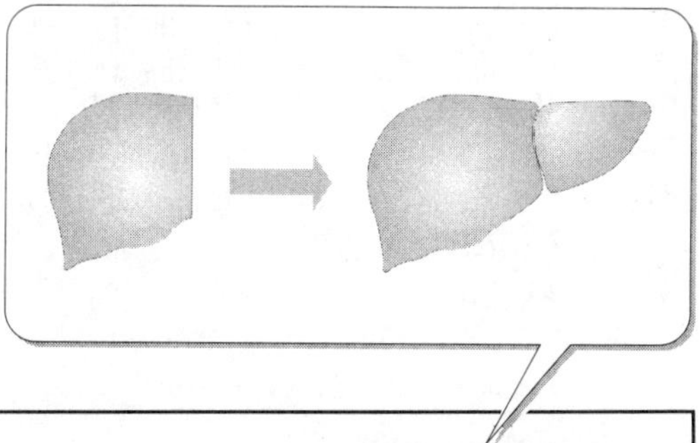

像肝臟等，即使切掉一半以上，2 個月內就能恢復到原來的大小。

此外，就算沒有受傷，人體細胞每半年就會更換為新細胞。

換言之，我們的身體在自己沒有發覺的情況下經常再生。

◆掌握再生力關鍵的幹細胞

爲什麼**造血細胞系**與肝臟具有強大的再生力呢？這是因爲幹細胞豐富的緣故（參閱ＰＡＴ４）。在骨髓中塞滿了造血幹細胞，經常分化爲各種血液細胞，提供到體液中。肝臟內存在著許多肝幹細胞，所以，肝臟因爲某種原因而受損時，也能夠分化爲肝細胞，加以修復。

幹細胞是構成組織、臟器體細胞的後備軍，只要有了幹細胞，那麼，組織、臟器就能夠再生。在不久前還認爲成人只有有限的細胞、幹細胞，但現在則發現幾乎所有的體細胞都存在著幹細胞。

這一、二年來，確認了腦神經細胞和心肌細胞幹細胞的存在，證明腦神經和心肌也可以再生。

◆再生醫療的作用

但遺憾的是，一般來說，成人幹細胞的數目較少，而且也無法充分發現類似基因群，所以，不能夠像蜥蜴的尾巴或大和姬蚯蚓一樣具有強大再生力。

以人工方式增加幹細胞的數目，藉著誘導物質等增強再生力，期

＊造血細胞系

像骨髓細胞一樣，具有分化為血液系各種細胞的能力的細胞。

幹細胞的作用

幹細胞 ＝ **構成組織與臟器體細胞的後備軍**

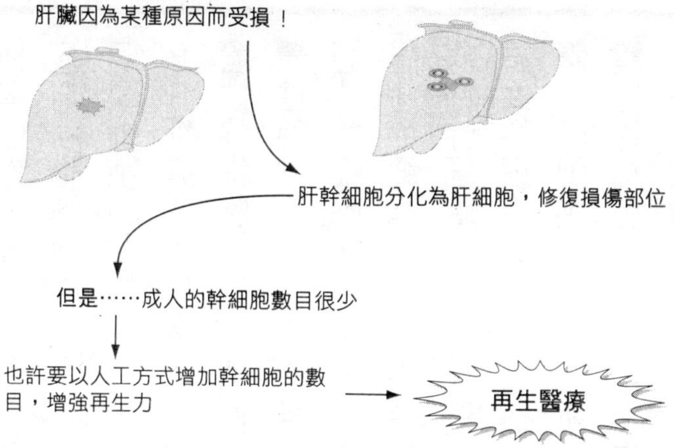
肝臟因為某種原因而受損！
肝幹細胞分化為肝細胞，修復損傷部位
但是……成人的幹細胞數目很少
也許要以人工方式增加幹細胞的數目，增強再生力
再生醫療

待讓受損的組織或臟器再生，這就是再生醫療的目標。

細胞是所有生物的基本單位，各種體細胞則是從受精卵這個幹細胞所產生的，因此，對再生醫療而言，最重要的就是幹細胞。

Part 4

再生醫療的關鍵——幹細胞

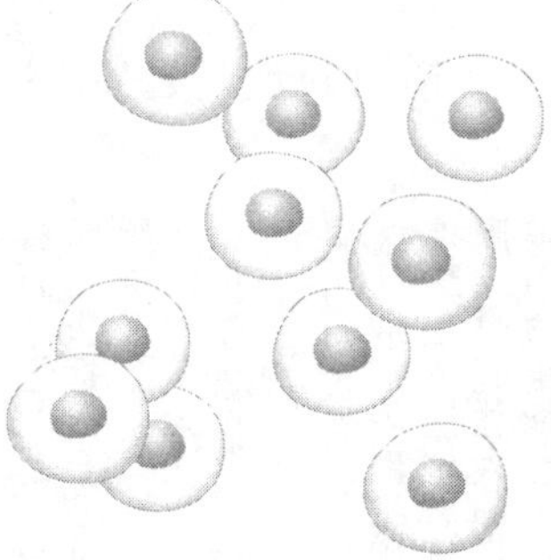

受精卵是終極幹細胞

★能夠分化為任何細胞的發生初期的幹細胞

◆體細胞根源的細胞稱為幹細胞

樹從粗大的樹幹分爲好幾根大樹枝，然後，再生出許多細小的樹枝，長出葉子，開出茂盛的花朵。在Ｐａｒｔ２提及，多細胞動物就好像大樹一樣，從受精卵這個巨大的樹幹，經由分裂、分化，形成**胚盤泡**的內部細胞塊，再反覆分裂、分化，形成各種細胞，聚集起來形成器官，構成生物體。所以，成爲體細胞根源的細胞就稱爲幹細胞（stem cell）。

受精卵是所有細胞根源的細胞，可以說是終極幹細胞。胚盤泡的內部細胞塊的細胞尚未分化，可以經由培養不斷的增加。此外，只要條件適合，就可以分化爲任何體細胞，所以，發生初期的幹細胞稱爲胚性幹細胞（**ＥＳ細胞**）。

◆ＥＳ細胞雖然萬能卻很難控制

胚性幹細胞的特徵是能夠分化爲任何細胞。這樣的性質稱爲**萬能**

＊胚盤泡
發生初期胚的某一段時期的名稱，由外膜細胞與內部細胞塊構成。取出內部細胞塊，進行增殖培養，就可以製造出ＥＳ細胞株。

＊ＥＳ細胞
Embryonic Stem cell。從發生初期胚盤泡的內部細胞塊取出的胚性幹細胞。具有強大的增殖力與萬能性，可以用來製造複製動物，而且期待能夠應用在人類ＥＳ細胞的再生醫療上。

從受精卵變成各種器官

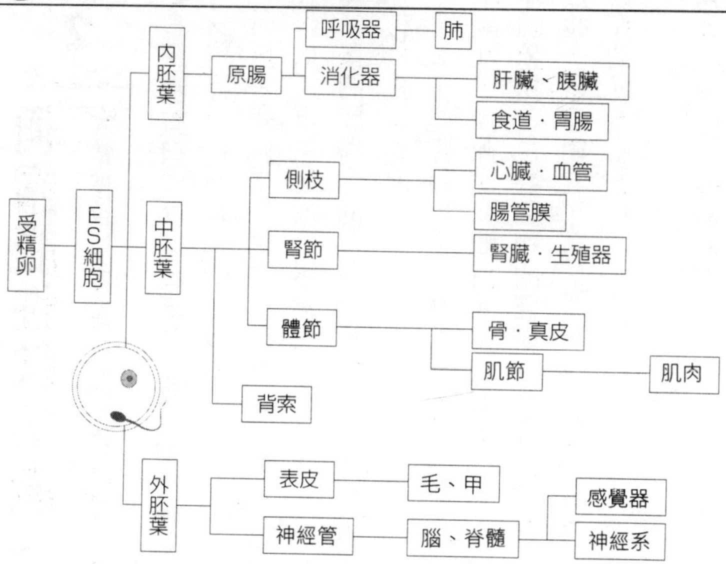

性或全能性。換言之，受精卵、ＥＳ細胞都是未分化、具有無限增殖力與萬能性的幹細胞。

在對發生後期或成體的體性幹細胞，限定了可以分化的細胞的種類。

進行再生醫療時，如果能夠使用具有萬能性的ＥＳ細胞等胚性幹細胞，只要準備一細胞就足夠了，非常輕鬆。但必須能夠讓它分化爲符合目的的細胞才行，不過這點卻很難控制，而且具有危險性。

＊**萬能性**　具備能夠分化為各種細胞的能力，也稱為全能性。

2 何謂胚性幹細胞（ES細胞）？

★掌握再生醫療關鍵的細胞，但在複製上有倫理的問題

◆ES細胞數目很多，藉著培養可增加更多

受精卵是終極幹細胞，數目只有一個，會進行稱爲卵裂的獨特分裂，所以，要使用在發生實驗或重組動物、破壞基因動物、複製動物的製作以及再生醫療上畢竟有其界限。一九八一年**艾班斯**等人，成功的從老鼠的胚盤泡的內部細胞塊取出胚性幹細胞數(ES細胞：Embyonic Stem Cell)。

ES細胞數目很多，藉著培養可增加更多，具有分化爲各種細胞的萬能性，因此備受矚目。使用ES細胞的發生實驗、重組動物、破壞基因動物、複製動物的製作以及再生醫療，目前都在檢討階段。繼老鼠後，依序樹立了羊、牛、猴子等的ES細胞，一九九八年也樹立了人類的ES細胞。

＊**艾班斯** M．艾班斯，英國醫學家，一九八一年初成功的樹立了老鼠的ES細胞株。

◆何謂「複製人限制法」

人類ES細胞的樹立，的確開啓了再生醫療之路，但另一方面，

ES細胞如何進行分化？

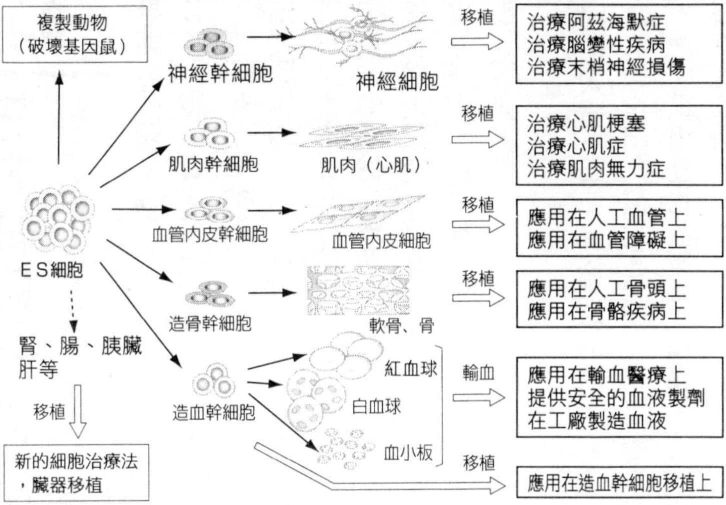

也可能衍生為**胚操作**（設計嬰兒）或複製人等，所以，目前正以倫理的觀點討論此研究的功過。

二〇〇一年六月六日日本實施「**複製人限制法**」，到誕生個體為止，禁止胚性幹細胞的研究及應用。EC各國也抱持著相同的態度。最近在美國，眾議院通過了「複製人限制法」。

然而，ES細胞卻是再生醫療上非常方便的細胞，各國也允許進行與誕生個體無關的細胞治療等研究。

＊胚操作 將基因植入發生初期的胚中或更換核。

＊複製人限制法 使用人類受精卵或ES細胞進行胚操作研究，可有效應用於再生醫療上，但另一方面卻有製作複製人的危險性。所以二〇〇一年六月，日本眾議院通過禁止研究複製人的法律。然而，義大利在最近則解禁對複製人的研究限制。

3 ES細胞的利用①——製造基因改造動物

★生下較高的孩子或不會得癌症的孩子

◆設計嬰兒的製造法

ES細胞可導入特定的基因，培養後再植回雌性動物的子宮內，如此一來，生下來的孩子就有導入基因的性質。例如，牛的ES細胞導入出乳順暢的基因，就可生下出乳順暢的牛，導入使肉質良好的基因，就可生下肉質良好的牛。

許多雌牛成爲**代理孕母**，只要增加操作的ES細胞數即可。在日本，禁止對人類進行這樣的操作。如果導入使身高變高的基因或變成雙眼皮的基因，就可能生下較高的孩子或有雙眼皮的孩子，這就是所謂的設計嬰兒。

◆應用在人體上會遇到倫理的難題

有消息指出，最近在美國誕生了擊潰致癌基因的孩子，亦即設計嬰兒。基因重組動物的製作，應用在改良家畜的品種上非常有效，是值得期待的技術。

＊代理孕母　哺乳動物個體，是受精後在母親的子宮內著床，經由懷孕的過程而誕生。進行胚操作的胚性幹細胞要成長為個體，也必須在雌性動物的子宮內著床，這時負責懷孕的雌性動物就稱為代理孕母。

主要的基因改造技術

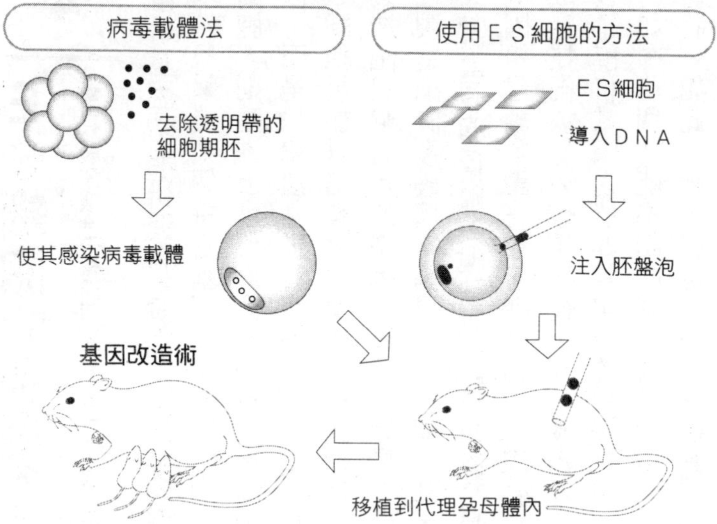

但是，應用在人體上卻會遇到倫理的難題，所以，得慎重的思考。

總之，基因重組動物技術也是藉著ＥＳ細胞這種具萬能性的胚性幹細胞的樹立而實用化。

就技術而言，這些技術的確可應用在人體上，若能避免癌症或先天性疾病當然很好，但到底能容許到何種地步卻是個難題，大概需要全人類的共識。

ES細胞的利用②——破壞基因動物

★只擊潰某種特定基因，製造生物

◆對解析基因功能研究有貢獻的破壞基因術

基於只擊潰某個特定基因而製作出來的破壞基因動物，如果使用ES細胞，則基本上也可以像基因重組一樣製造出來。並非植入特定的基因，而是只擊潰某種特定的基因，引起**相同基因重組**的DNA導入ES細胞後加以培養，再植回成爲代理孕母的雌性動物子宮內，就可以製造出只擊潰目的基因的破壞基因動物。

已製造出許多破壞基因鼠，對於解析基因功能的研究貢獻良多。

◆是非常重要的技術，但缺點是耗時又耗費

基因組已經解讀完成，今後的重要課題是解析基因功能，不論是基因改造技術或基因破壞技術，都可應用在品種改良等實用化方面，同時也是解析基因功能非常重要的手法之一。

例如，一個功能不明的基因被破壞後的老鼠，可能會出現某種疾病的症狀。如此一來，就可以知道這個基因和該疾病有關。在人類的基因中，發現了**副本**或對該基因、基因產物蛋白產生作用的化合物，

＊**相同基因重組**
將變異的基因植入細胞時，變異基因會趕走原先的基因，進入染色體內。利用這個方法可以製作出破壞基因動物。

製作破壞基因鼠

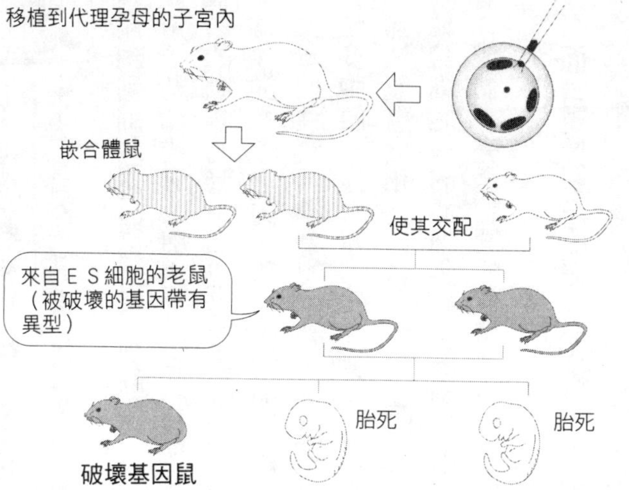

藉此有助於開發治療疾病的藥物。

破壞基因動物對於解析基因功能而言是非常重要的技術，但製作上非常耗時又耗費。

最近，美國的京克姆公司使用RNAi這種新手法，據說只要用以往十分之一的成本、四分之一的時間就可製作出破壞基因鼠。

＊**副本** 非常類似的東西。和利用老鼠所發現的基因非常類似的人類基因。

ES細胞的利用③——複製動物

★大量製造具有相同基因動物的技術

◆受精卵複製動物與體細胞複製動物

使用受精卵或ES細胞可以複製動物。去除胚性幹細胞的核，移植想複製的動物的受精卵或從體細胞取出的核，培養後植入成爲代理孕母的雌性動物子宮內。移植受精卵的核的受精卵複製動物，承襲了受精卵父母的性質，雖是複製動物，但和父母並非同樣的個體。就像是**同卵性多胞胎**一樣，亦即能夠製造出許多相同基因的兄弟姊妹，但是，卻無法製造出和父母具有相同基因的個體。

移植體細胞核的體細胞複製動物，則可製作出許多與提供體細胞的父母（成體）完全相同的個體（只有ES細胞的數目）。

◆就技術而言可以製作出複製人嗎

第一號體細胞複製動物，就是數年前備受矚目的複製羊桃莉。後來也成功的利用體細胞複製出牛、猴子。也已經樹立了人類的ES細胞，所以單就技術而言，理論上是可以製作出複製人。

＊同卵性多胞胎

因某種原因，受精卵在卵裂初期一分為二，兩者各自正常成長，這就是同卵性雙胞胎。若果分為二個以上且全都能夠正常成長，就是同卵性多胞胎。同卵性多胞胎來自同一個受精卵，因此，基因完全相同。

製作複製動物

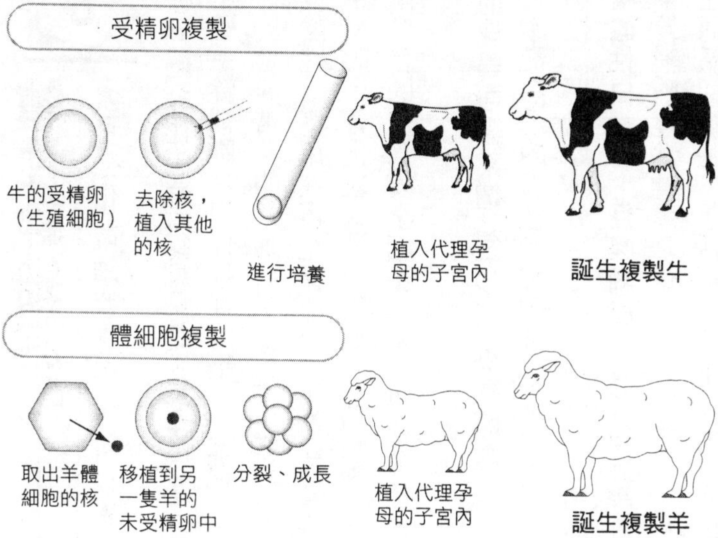

製作複製人遇到倫理的問題，所以，許多國家以法律禁止研究。

然而宣稱製作出複製人或募集希望者的報導時有所聞，所以不知道何時何地會有複製人誕生。而應該如何規範複製人，則是每個人都應當仔細思考，做好心理與法律的準備。

體性幹細胞①——造血幹細胞

★可分化的細胞有限，所以適合再生醫療

◆體性幹細胞比生殖系幹細胞更安全嗎？

生殖系幹細胞（胚性幹細胞：ES細胞）具有強大的增殖性以及萬能性，是非常棒的幹細胞，但是，要設計嬰兒或製作複製人，卻存在著危險性，應用在再生醫療上，也可能會異常分化或癌化。

相反的，分化較爲進步的體性幹細胞，能夠分化的細胞有限，更可以配合目的成爲安全細胞，適合再生醫療。

◆紅血球等可經常增殖分化，供應體內

大家最熟悉的體性幹細胞就是造血系幹細胞。血細胞包括紅血球、血小板、淋巴球（B細胞與T細胞）、**嗜鹼性白細胞**、**嗜中性白細胞**、**嗜酸性白細胞**、**巨噬細胞**、**NK細胞**等許多細胞，成體骨髓中的血球系幹細胞經常增殖分化，供應體內。

血球系幹細胞，包括可以分化爲所有血球系細胞的血球母細胞，可分化爲紅血球的紅母細胞，可分化爲嗜鹼性白細胞、嗜中性白細胞

＊嗜鹼性白細胞
稱爲免疫系顆粒球的細胞，擁有IgE抗體受體，與IgE抗體結合，會釋放出組織胺等引起過敏反應。

＊嗜中性白細胞
免疫系顆粒球的細胞之一，具有巨噬作用、殺菌作用，可以預防初期的感染。

＊嗜酸性白細胞
免疫系顆粒球的細胞之一，與過敏反應等有關，也和預防寄生蟲感染有關，不過詳細情況不得而知。

血球的分化

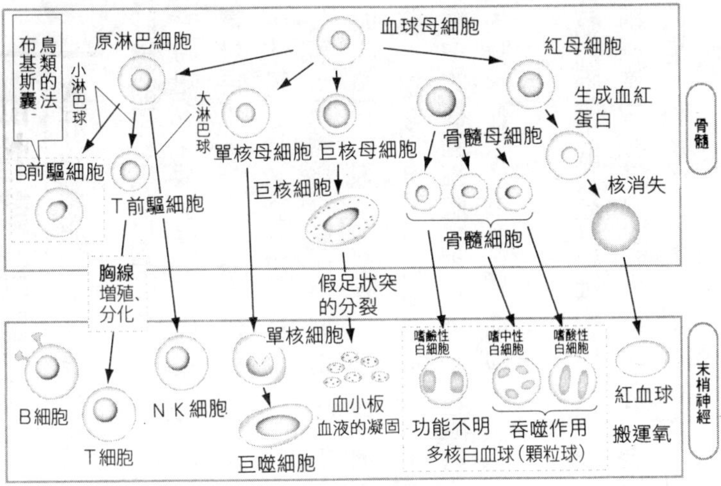

、嗜酸性白細胞等的骨髓母細胞，可分化爲血小板的巨核母細胞，可分化爲巨噬細胞的單核母細胞，以及分化爲B細胞、T細胞、NK細胞的淋巴母細胞等。而且有各自持續分化的**前驅細胞**。

哪個階段稱爲幹細胞，哪個階段稱爲前驅細胞，很難斷定，不過造血系幹細胞有各種分化階段。

＊巨噬細胞
具有強大貪食力的免疫系細胞，與初期感染的免疫有關，會產生各種細胞分裂素，誘導各種免疫反應，是生物體免疫監視構造的主角。

＊NK細胞
和巨噬細胞一起負責免疫監視構造，可發現、攻擊、排除癌細胞及感染病毒細胞。

＊前驅細胞
接受到訊息時只會分化為特定的成熟細胞（機能性體細胞）的預備細胞。

體性幹細胞②——肝幹細胞

★肝幹細胞形成肝臟的強大再生力

◆為何肝臟的再生力很強呢?

眾所周知，肝臟是再生力很強的臟器。成人若切掉一半以上的肝臟，肝臟可再生，一、二個月後就可恢復爲原先的大小。有這麼強的再生力，才可進行活體肝臟移植。

不久前，還認爲複製成熟肝細胞才能夠擁有這種強大的再生力，但是，與成熟肝細胞不同，其他的肝幹細胞可以分化爲肝細胞與**膽管上皮細胞**，這才了解到肝臟強大的再生力是由肝幹細胞負責的。

肝臟中的**橢圓細胞**和小型細胞被視爲是肝幹細胞，直到最近才發現，這些肝幹細胞是來自骨髓細胞。

◆從骨髓細胞中取得肝幹細胞的技術

骨髓細胞中存在許多造血幹細胞，要識別或分離肝幹細胞是很困難的，但是，利用FACS細胞分離法，可以取得細胞分畫極高頻率的肝幹細胞。

＊**膽管上皮細胞** 形成膽汁的通道膽管的上皮細胞。

＊**橢圓細胞** 存在於肝臟中的橢圓形細胞，是肝細胞等的前驅細胞。

肝幹細胞的系統

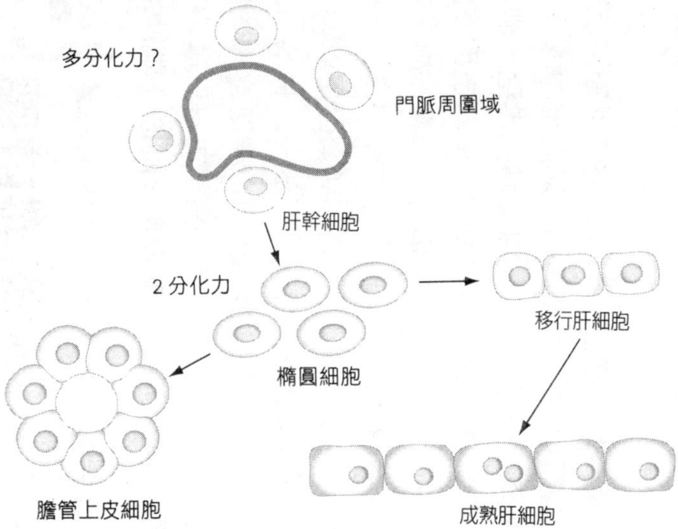

刺激細胞分畫，就可分畫出橢圓細胞或肝細胞、膽管上皮細胞。

骨髓細胞中存在著肝幹細胞，對再生醫療而言當然是一大福音。要取出肝臟或從肝臟中分離出肝幹細胞非常困難，也不能取出很多數量，若從骨髓細胞中取得，則比較簡單，而且可以確保數量。

體性幹細胞③——血管幹細胞

★關於血管的構成及成因，目前還有許多不明白之處

◆血管全長十公里，總重量一公斤，是人體最大的臟器

血管是由內皮細胞與壁細胞二層細胞構成的管狀臟器，遍佈身體各個角落，管內部有血液流通，將氧和營養供應到各組織和臟器、器官，同時將二氧化碳、老廢物等從組織運送到肺或肝臟。是維持生物功能不可或缺的臟器。

成人的血管全長十公里，內皮的總面積爲七千平方公尺，總重量一公斤，是人體最大的臟器。

血管的形成，大致可以分爲發生期的**脈管形成**與生長期的**血管新生**這二種。關於脈管形成，從胚性幹細胞分化出來的中胚葉細胞，形成血球血管母細胞或血管母細胞，都是前驅細胞，可以構成血管。

然而周圍的細胞或平滑肌細胞等，到底是如何形成血管，那就不得而知了。

◆血管可再生嗎？

最近終於了解到，成體在排卵過程、治癒創傷、**缺血**、發生腫瘤

＊脈管形成
在發生期形成新的血管。

＊血管新生
成體出現新的血管。

＊缺血
因某種原因，血無法流到組織，形成缺血狀態的組織會因為缺氧或營養不足而死亡。

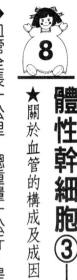

血管新生的構造

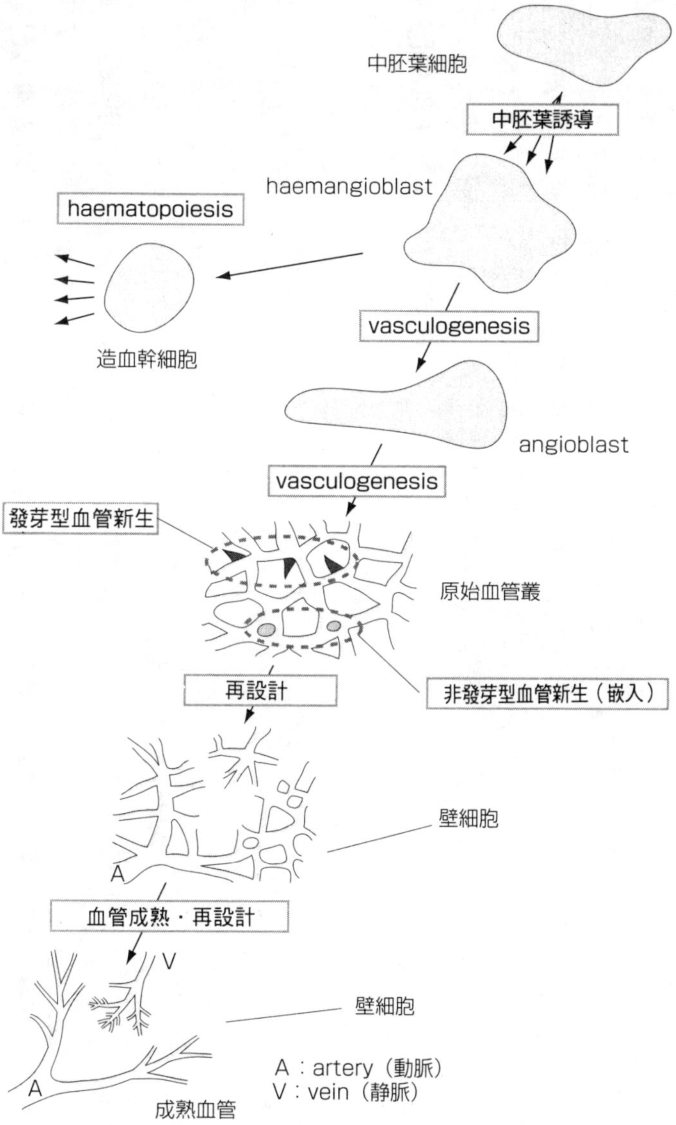

中胚葉細胞
中胚葉誘導
haemangioblast
haematopoiesis
造血幹細胞
vasculogenesis
angioblast
vasculogenesis
發芽型血管新生
原始血管叢
再設計
非發芽型血管新生（嵌入）
壁細胞
A
血管成熟・再設計
V
壁細胞
A
成熟血管
A：artery（動脈）
V：vein（靜脈）

時，都會出現血管新生的現象。以往認爲成體的血管新生，是血管內皮細胞的**發芽增殖**所致。一九九七年，淺原先生等人確認了骨髓和血中有稱爲血管幹細胞的血管內皮前驅細胞。

這些前驅細胞，接收造血幹細胞、血系細胞等許多分子傳來的訊息，開始增殖、分化，進行血管新生。誘導血管內皮前驅細胞及其分化的各種分子，可以應用在血管的再生醫療上，目前正在進行這一方面的研究。

發生癌症或腫瘤的部位，都有血管新生，所以，可嘗試藉著抑制血管新生來治療癌症。

＊發芽增殖
細胞的增殖法，包括分裂、出芽（發芽）。

◆血管的壽命大約為一千日！

血管與其他的血細胞相比，壽命較長，但還是有期限，大約爲一千日。血管遍佈全身，血管內皮總面積達七千平方公尺，人的一生中內皮細胞會多次更新，所以，必須新生許多內皮細胞。

所以，體內有許多血管內皮前驅細胞（血管幹細胞），而如何動員這些物質，巧妙的使用，則是血管再生醫療的關鍵。

該如何控制血管的粗細？如何決定體內的分布（配置）？依身體

血管的構造

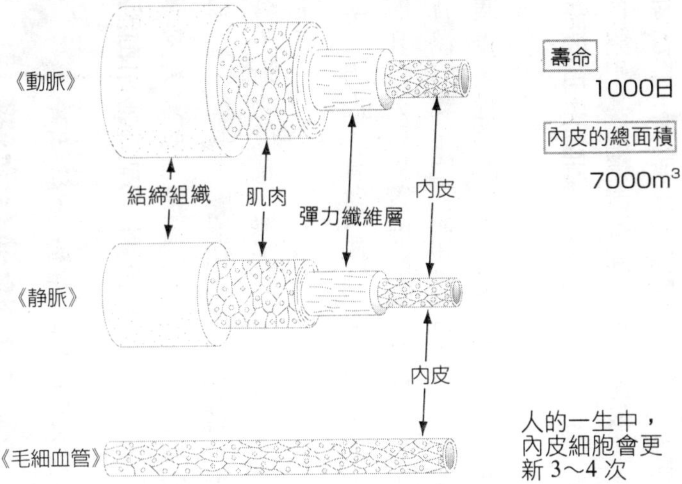

部位的不同，血管的構造也不同，要如何區分動脈與靜脈？目前還有許多不明之處。

而且血管並非經常保持穩定。個人可能會出現新的血管，也可能會分枝或萎縮，出現**再設計**的情況。所以，還要繼續解析這些構造。

＊**再設計** 血管反覆萎縮與新生，改變其形狀或分枝等。再生成血管以外的臟器時也會使用這種方式。

體性幹細胞④——造骨幹細胞

★可以形成接近天然骨的人工骨

◆骨骼每天會成長、產生變化

骨骼和其他的臟器、組織一樣是活的，即使是成體，也會經常更新，但是，和其他臟器相比不容易實際感覺到。在成長發育過程中，骨骼會不斷的成長、變大，只要鍛鍊肉體，則不光是肌肉，骨骼也會變得壯碩。

另一方面，骨骼會因爲老化或重病而變得細小，所以，骨骼是活的，而且每天可以實際感覺到其變化。

骨骼的變化比我們想像得更快，太空人待在無重力的太空中數天至數週後，骨骼的強度就會減弱，也會變細。

◆骨骼的再生醫療

骨骼和其他臟器不同，細胞比較少，含有豐富的以鈣與磷的結晶**羥磷灰石**爲主要成分的細胞外基質。羥磷灰石存在於**膠原纖維**上，小孔內有骨細胞，會形成骨骼。

***羥磷灰石**
鈣與磷的結晶，一種生物陶瓷。是牙齒和骨骼的主要成分之一。

***膠原纖維**
由膠原蛋白所構成的纖維，肌腱中含量較多。

形成骨細胞的過程

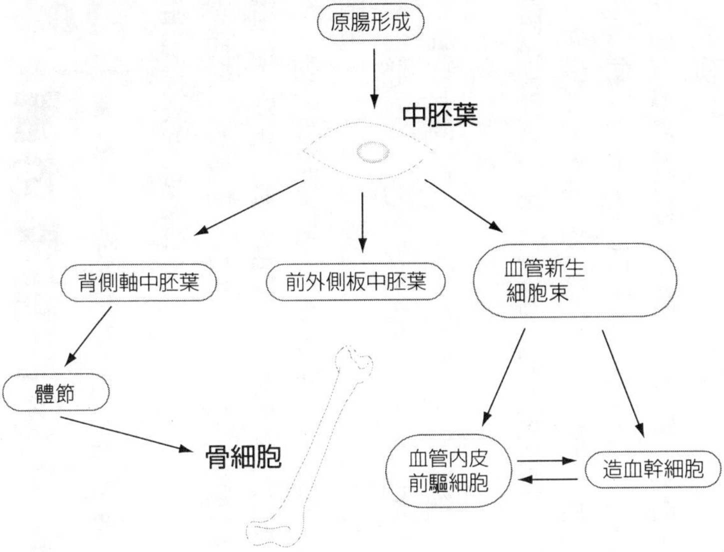

此外，還有破骨細胞，會吸收骨骼，兩者取得平衡，使骨骼粗大、成長。

最近，發現成人骨髓中的間葉系幹細胞，存在著幹細胞，可以分化成與其他組織相同的骨細胞，藉此拓展骨骼的再生醫療。

要修復骨骼的嚴重缺損，必須移植人工骨等，若併用造骨幹細胞，也許可形成更接近天然骨的人工骨。

體性幹細胞⑤——骨骼肌幹細胞

★系統、分化誘導因子等，目前還有很多不明白之處

◆再生力極高的骨骼肌

骨骼肌具有極高的再生力。這是因爲成體的肌肉組織中，存在著能夠增殖、分化爲**肌母細胞**且同時再分化爲**肌管細胞**的**肌衛星細胞**。

一旦肌肉組織受損，在靜止期，肌衛星細胞開始增殖、分化變成肌母細胞，然後朝損傷的肌纖維遊走，到達損傷部位後就停止分裂，互相融合形成多核的肌管細胞。反覆和肌母細胞融合，變得較粗，得到骨骼肌特有的橫紋構造，形成成熟肌纖維，肌組織再生。

◆已確認骨髓細胞中存在著骨骼肌幹細胞

肌衛星細胞的分化誘導因子，目前還無法完全解析。在試管內，只要在四個條件下，肌衛星細胞除了可以分化爲肌母細胞之外，同時也可分化誘導爲骨母細胞或脂肪細胞，具有很多分化力，肌衛星細胞也算是幹細胞。

近年來發現，可以分化爲骨骼肌的幹細胞存在於骨髓細胞中，而

*__肌母細胞__ 骨骼肌細胞分化初期的細胞。

*__肌管細胞__ 骨骼肌細胞的前驅細胞。

*__肌衛星細胞__ 存在於骨骼肌中的骨骼肌幹細胞。

骨骼肌幹細胞的增殖與分化

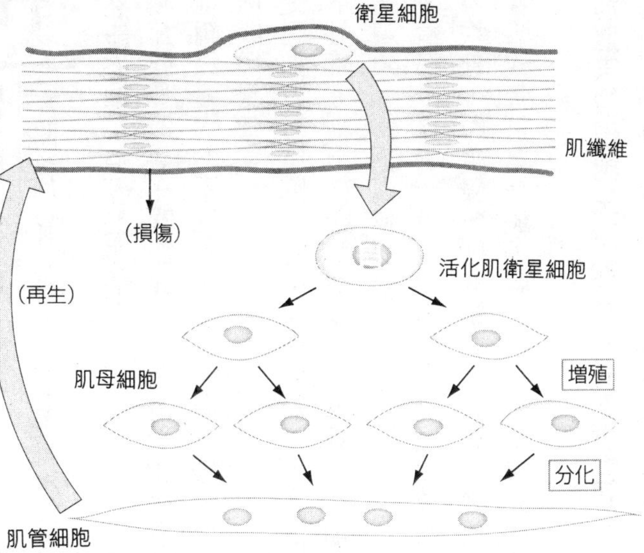

並非存在於肌組織中。

然而一旦肌肉受損，隨著血液循環運送到骨骼肌組織，形成肌肉。

但到底是哪一類的幹細胞，目前不得而知。

爲了發展骨骼肌的再生醫療，今後必須持續研究這些幹細胞的系統和分離法，並且鑑定出變成肌母細胞的分化誘導因子。

體性幹細胞⑥——軟骨幹細胞

★間接軟骨是最不容易再生、修復的組織

◆雖然能修復，但容易變形

關節軟骨覆蓋在關節面，具有滑動和吸收撞擊的作用。關節軟骨和其他組織最大的不同點，就是沒有神經、血管和淋巴管。藉著關節液的擴散得到營養。

受到強力的撞擊、過度使用關節或罹患關節病變等，甚至波及到軟骨下骨時，細胞從關節面侵入，軟骨細胞損傷的地方及其周圍會出現增殖現象，使損傷無法修復。

增殖部位經過一段時間後，也無法變成像原先一樣，具有柔軟性的玻璃軟骨，而會變成硬的纖維性軟骨，造成關節變形。在人體組織中，關節軟骨可算是最不容易再生、修復的組織之一。

＊關節軟骨 覆蓋在關節陷凹面的軟骨，能使關節的滑動順暢，同時具有緩衝撞擊的作用。

◆目前還未發現再生力較高的軟骨幹細胞

然而根據近年來的研究，**關節腔**存在著軟骨前驅細胞（軟骨母細胞）。此外，軟骨前驅細胞也存在於骨髓中的間葉系細胞中，一旦軟

＊關節腔 關節中的空洞，充滿關節液。

形成軟骨的過程

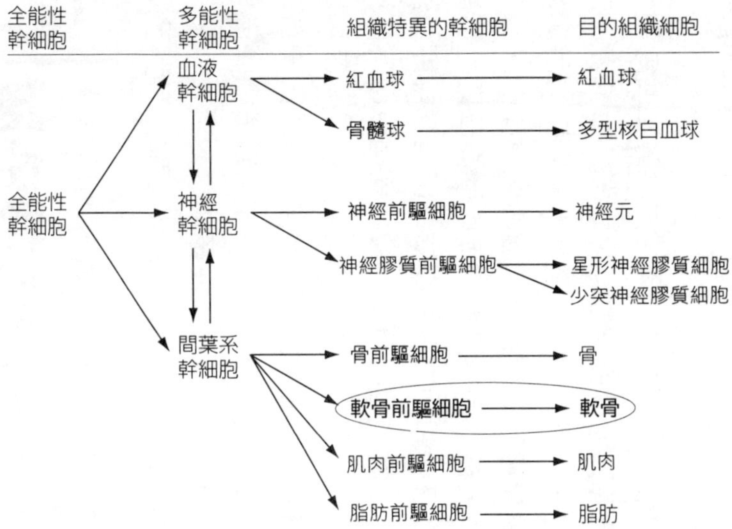

骨下骨受損，骨髓會出動軟骨前驅細胞，再生軟骨下骨、纖維性軟骨。

但是這個軟骨前驅細胞數量很少，增殖力非常弱，這也是軟骨再生力較弱的原因。遺憾的是，目前還未發現自行複製力較強的軟骨幹細胞。

爲了確立軟骨的再生醫療，目前最重要的就是研究如何留住富於柔軟性的玻璃軟骨，避免其成爲較硬的纖維軟骨。

12

體性幹細胞⑦——心肌幹細胞

★目前無法確認其存在的心肌幹細胞

◆成體的心肌細胞完全不具有分裂增殖功能

一、二年前，認爲腦神經和心肌完全無法再生。一旦得了腦梗塞或心肌梗塞等組織受損的毛病，則除了復健等的**代償治癒**之外，很難復原。如果因爲心肌梗塞而壞死的部位能夠再生，那麼，一定會造成極大的震撼。

成體的心肌細胞完全不具有分裂增殖力，但數年前曾有人提出報告，說明胚性幹細胞可以分化出自行跳動的心肌細胞。但是，目前還無法確認心臟附近有心肌幹細胞或心肌前驅細胞（心肌母細胞）。

不過，最近發現**骨髓間質細胞**中的**間葉系幹細胞**，可以分化爲心肌。成體的骨髓間葉系幹細胞在某種條件下加以培養，可以分化爲自行跳動的類似心肌細胞，互相連結，變成類似肌管細胞再持續培養，則許多細胞可以縱排成一列，變成同步收縮的心肌組織。

◆心臟再生的可能性

***代償治癒**
器官受損時，並不是修復損傷部位的組織，而是由周圍的組織代替損傷部位的功能，使器官恢復功能。

***骨髓間質細胞**
充滿於骨骼中心部的骨髓細胞群。

***間葉系幹細胞**
能夠分化為存在於骨髓中各種細胞的幹細胞。

一旦心肌再生……

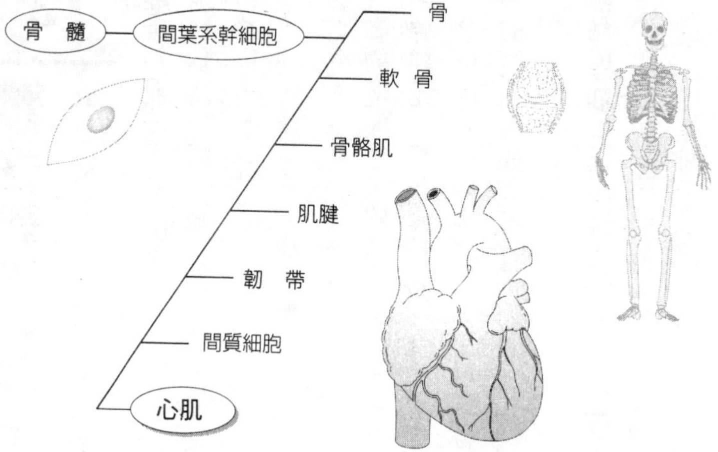

如果心肌能夠再生，那麼治療心肌梗塞就可以大幅往前邁進

雖然尚未發現心肌幹細胞，但是，利用骨髓間葉系幹細胞的心肌，也許就可以使心臟再生。

期待能發展出只要聚集數量較少的間葉系幹細胞，就能使其增殖的方法，找出能使其分化的分化因子，此外，也要鑑定出與心肌分化有關的基因，更有效的使細胞分化爲心肌。

體性幹細胞⑧——中樞神經幹細胞

★目前已經確認幹細胞會增殖分化……

◆中樞神經無法再生嗎？

以往認爲成體的腦、脊髓等中樞神經系無法新生（再生），所以中樞神經因爲疾病或意外事故而受損時會致命，就算保住生命，也會出現嚴重的後遺症。如果中樞神經系能再生，那麼，帕金森氏症、阿茲海默症等癡呆症就可治癒。

成體的囓齒類，**嗅球**（側腦室周圍）和**海馬**、**齒狀回**等腦的部位會新生**神經元**。藉著最新的細胞分離及培養技術，目前已知側腦室周圍存在著可以分化爲神經元、**星形神經膠質細胞**、**少突神經膠質細胞**三種構成腦的中樞神經幹細胞。

◆腦會發揮抑制增殖或分化的功能嗎？

二〇〇〇年，確認猴子和成人的腦存在著中樞神經幹細胞，徹底顛覆了成人中樞神經系無法再生的學說。

實際上，使用只會將增殖的細胞染色的染色法，結果成人的腦（

＊**嗅球**
在鼻腔上方，由嗅上皮的嗅細胞的纖毛接收氣味刺激訊息的神經塊，氣味訊息經過嗅球傳到大腦的嗅覺中樞。

＊**海馬**
在大腦古皮質的顳葉深處，與長期記憶有關。

＊**齒狀回**
與海馬同樣存在於大腦古皮質的顳葉深處，與維持生命活動有關。

中樞神經可再生嗎？

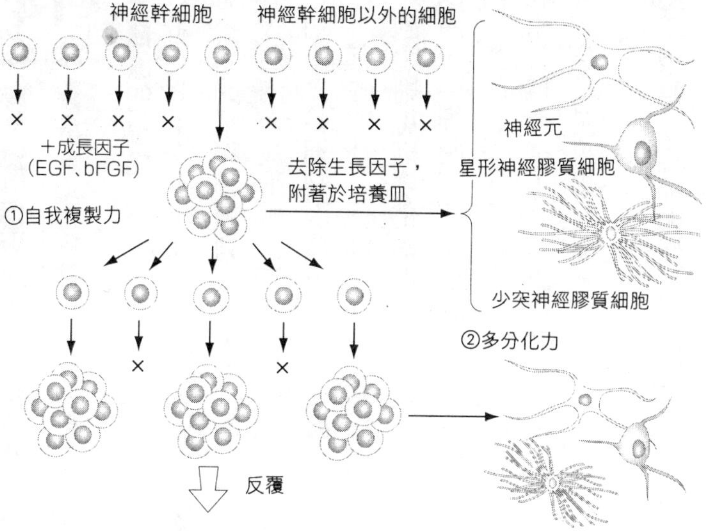

海馬）也會被染色，確認了增殖、新生神經元的存在。

有幹細胞，而且確認可以增殖分化，但實際上，腦和脊髓的損傷卻無法再生修復。

另外，幹細胞的數目較少，增殖力較弱是原因之一。也可能是腦具有抑制增殖分化的作用。

＊神經元

神經元包含樹突與軸策的所有神經細胞。神經元之間互相形成網路，傳達訊息。

＊星形神經膠質細胞

和神經元、少突神經膠質細胞一起構成腦的細胞。是神經膠質細胞，具有吞噬力，同時也負責預防感染、去除老廢物等的任務。

＊少突神經膠質細胞

和神經元、星形神經膠質細胞一起構成腦的細胞。和軸策的絕緣物質髓鞘的產生有關。

14 幹細胞的增殖與分化

★引出生物潛在的再生力，應用在醫療上

◆再生醫療的意義

Ｐａｒｔ４敘述許多組織和臟器都存在著體性幹細胞，但是，其中沒有提到的腎臟和**前列腺**等，現在已知它也有幹細胞或前驅細胞。

成人體內，幾乎所有的組織、臟器、骨髓中都存在著儲備細胞，亦即幹細胞。幹細胞因爲沒有分化，所以，可分化爲任何細胞，具有萬能性，有些則是具有可以分化爲數種細胞的多分化力，而前驅細胞（母細胞）則可以分化爲特定種類的細胞。

總之，幹細胞和前驅細胞可以配合成人的身體再生，只要條件齊備，則人體的確潛在著再生力。

利用各種方法，整合各種條件，引出潛在的再生力，使受損的臟器復甦，這就是再生醫療。

＊**前列腺** 圍繞著後部尿道的男性生殖器官之一。

◆期待使用體性幹細胞的再生醫療

Ｐａｒｔ４的焦點是幹細胞，但是，並未談及成爲增殖分化訊息

各種利用幹細胞的治療法

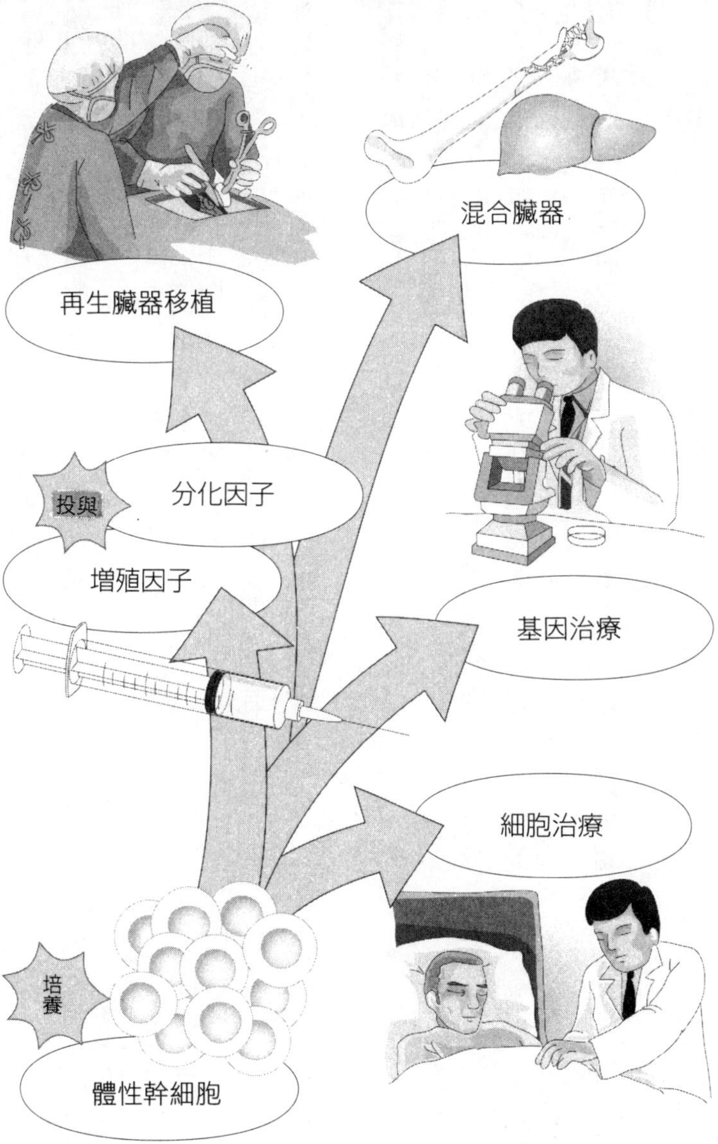

的增殖因子或分化誘導因子。

另外，也沒有談及識別各種幹細胞的**表面標記**。雖然這些對於研究幹細胞、應用在再生醫療方面非常重要，但是，本書盡量避免太過於艱深的敘述。

像ES細胞等具有萬能性的胚性幹細胞（生殖幹細胞），可應用在各種組織和臟器的再生醫療。胚性幹細胞具有萬能性，但也可能會癌化或分化爲目的以外的細胞。而體性幹細胞和前驅細胞可以分化的細胞種類有限，只要條件控制得宜，就可進行安全的再生醫療。

＊**表面標記** 存在於細胞表面的醣蛋白，細胞有不同的種類和構造，可以當成識別細胞的標記。

◆使用幹細胞的再生醫療

利用幹細胞的再生醫療，到底是什麼方法呢？

第一就是要投與能夠促進幹細胞分裂增殖或分化的增殖因子或分化因子。今後，投與各種前驅細胞或幹細胞的增殖、分化因子，將成爲再生醫療的一環。

第二就是要培養幹細胞，使其在試管內增殖、分化後，再植回組織或臟器。

第三則是在試管內形成臟器，移植再生臟器。這將在Ｐａｒｔ5

使用幹細胞的再生醫療的流程

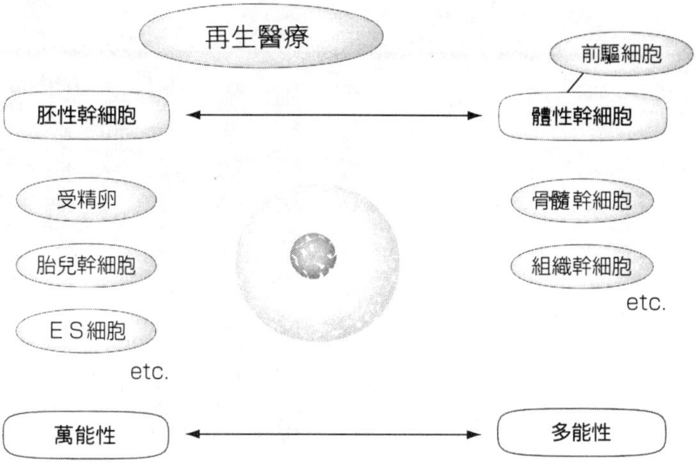

爲各位詳細敘述。

雖說是夢幻的先進醫療，但事實上，已經實際使用於醫療現場，還有許多夢幻的技術還在研究開發中。這些都是希望能夠引出體性幹細胞（前驅細胞）等生物潛在的再生力，應用在醫療上。

何謂再生醫療？

投與增殖、分化因子

細胞治療

人工臟器與再生臟器

臟器移植與再生醫療

再生醫療的課題與問題點

各論贊成、總論反對？

Part 5

再生醫療的現狀與未來

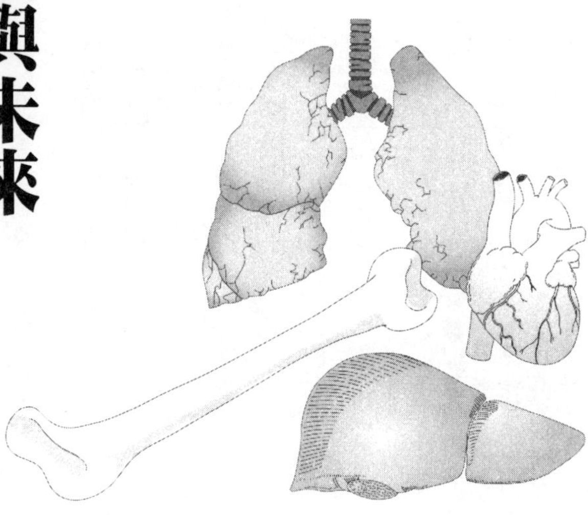

1 何謂再生醫療？

★藉著促進、強化潛在再生力來幫助治療

◆人類身體無法輕易再生的理由

目前已知，成人的身體幾乎所有的器官、臟器都有儲備細胞幹細胞。但是，爲何人體無法像蜥蜴的尾巴一樣再生呢？這有以下幾個理由。

第一就是幹細胞的數目太少了。雖然足夠用以修復傷口或替換壽命已盡的細胞，但是，要讓器官或臟器再生的幹細胞，其數目則嫌不足。

第二是幹細胞要增殖、分化需要增殖分化因子，但其量和力量可能不夠。

第三是形成器官和形態方面，必須利用**類似基因**(homeotic genes)打開開關，一旦成年，開關幾乎都是關上的，因此，無法像蜥蜴一般具有能夠形成器官的強大再生力。

＊**類似基因**　與擁有基因核這種特殊鹼基序列的器官的形成有關的基因群。

◆最重要的是發現增殖分化因子

為何人類很難再生？

第1 障礙

幹細胞數目太少！
稍微受傷還沒問題，但若要使臟器再生，數目就嫌太少了。

第2 障礙

增殖、分化因子的量和力量不足！

第3 障礙

成人後，形成器官的類似基因的關開會關上。

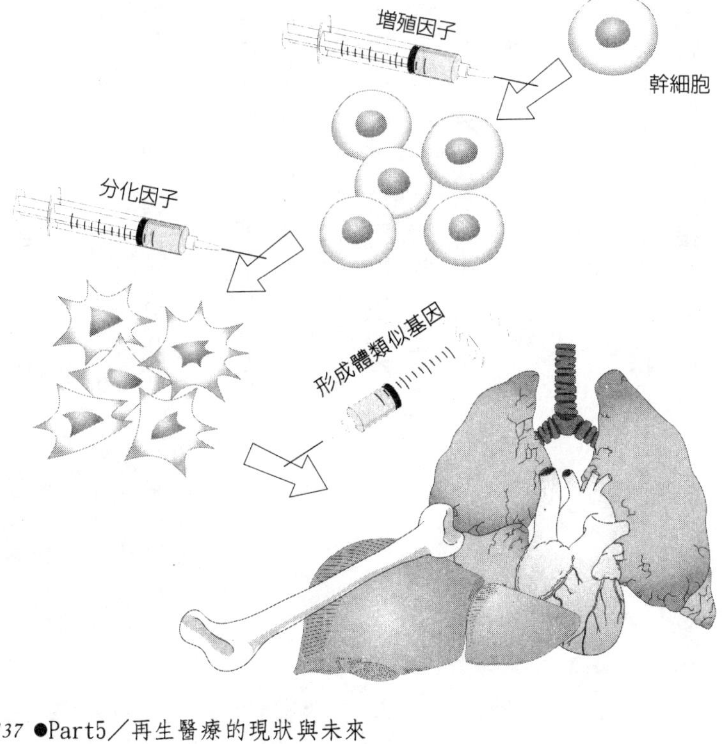

所謂再生醫療，就是用一些方法超越這些障礙，使器官和臟器再生。

可以使用受精卵或ＥＳ細胞等增殖力較強的細胞，增加幹細胞的數目。但是，利用這些胚性幹細胞，則蘊藏著癌化或與複製人有關的危險性。

大量聚集骨髓中體性幹細胞或將聚集的幹細胞放在試管內增加的方法等，目前還在研究當中。因此，發現增殖分化因子最重要。

基因組已經解讀完成，現在期待能夠發現各幹細胞特異性較高的新增殖分化因子。這些增殖、分化因子可以在試管內讓幹細胞增殖、分化，或是直接投與患者促進組織或器官、臟器再生。這些因子的基因也可以導入患者體內，在體內製造出因子，進行基因治療。將來，也許可以辦到打開類似基因開關的**基因治療**。

＊基因治療　將治療所需的基因導入患者的細胞，藉著其作用來治療因為基因缺損或異常而引起的疾病的治療法。

◆細胞治療是更直接的再生醫療方法

將在試管內增殖、分化的細胞，直接移入患者的體內，讓受損的組織、臟器、器官再生的治療法，稱為細胞治療。是比投與增殖、分化因子更直接的再生醫療。

增殖、分化細胞的利用法

在試管內增殖、分化幹細胞。

直接投與患者，促進組織、器官、臟器的再生。

將因子的基因導入患者，在體內製造因子。

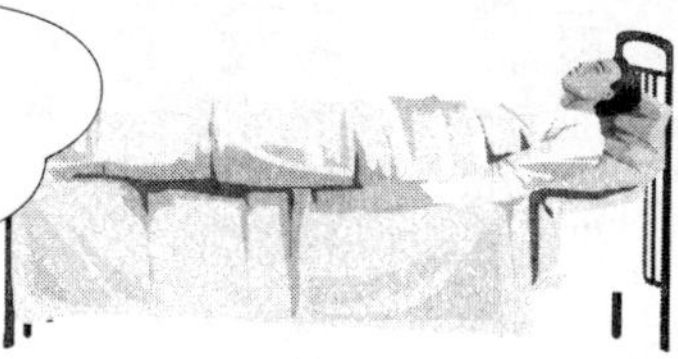

將來，再度打開停止的類似基因開關的基因治療也可行

更直接的方法，則是讓培養在試管內的細胞形成器官、臟器，將完成的臟器、器官直接的移植到患者體內的再生臟器移植。

總之，可以利用一些方法促進、強化成人潛在的再生力，希望藉此有助於治療疾病或受傷，這就是再生醫療的目的。

2 投與增殖、分化因子

★最大的優點就是對患者負擔較少

◆需要能夠抑制不會隨便進行分化及增殖的因子

具有萬能性的受精卵或ES細胞，不可任意的增殖、分化，要基於一定的秩序，依序反覆增殖、分化，這樣才能夠形成器官、形態，變成完全的個體。形成形態與**形成體**（arganizer）、誘導物質、類似基因有關，能夠精密的控制。

關於再生方面，如果任意的增殖、分化幹細胞，則無法維持成爲個體的生物體，必要時在必要之處，只有必要的部分可以增殖、分化爲必要的細胞，一定要以這樣的方式加以控制。

在物質上，這和被稱爲**細胞分裂素**(cytokine)的蛋白性增殖因子、分化因子有關。

相反的，能夠抑制、避免其任意增殖、分化的抑制因子，也是必要的因子。此外，發現能夠取得這些訊息的幹細胞表面的受體也很重要。接受這些訊息，幹細胞開始增殖、分化，讓沈睡的基因甦醒，這和轉錄因子(transcription factor)有關。

＊**形成體**　像原口背唇部似的，對於胚的未分化部分產生作用，擁有決定發生命運作用（誘導）的形成體。

＊**細胞分裂素**　細胞所製造的蛋白性信號物質，製造淋巴球的則稱為淋巴激素。

＊**轉錄因子**　將基因DNA轉錄到m-RNA時所需要的因子。

經由一連串的誘導而形成眼睛的構造

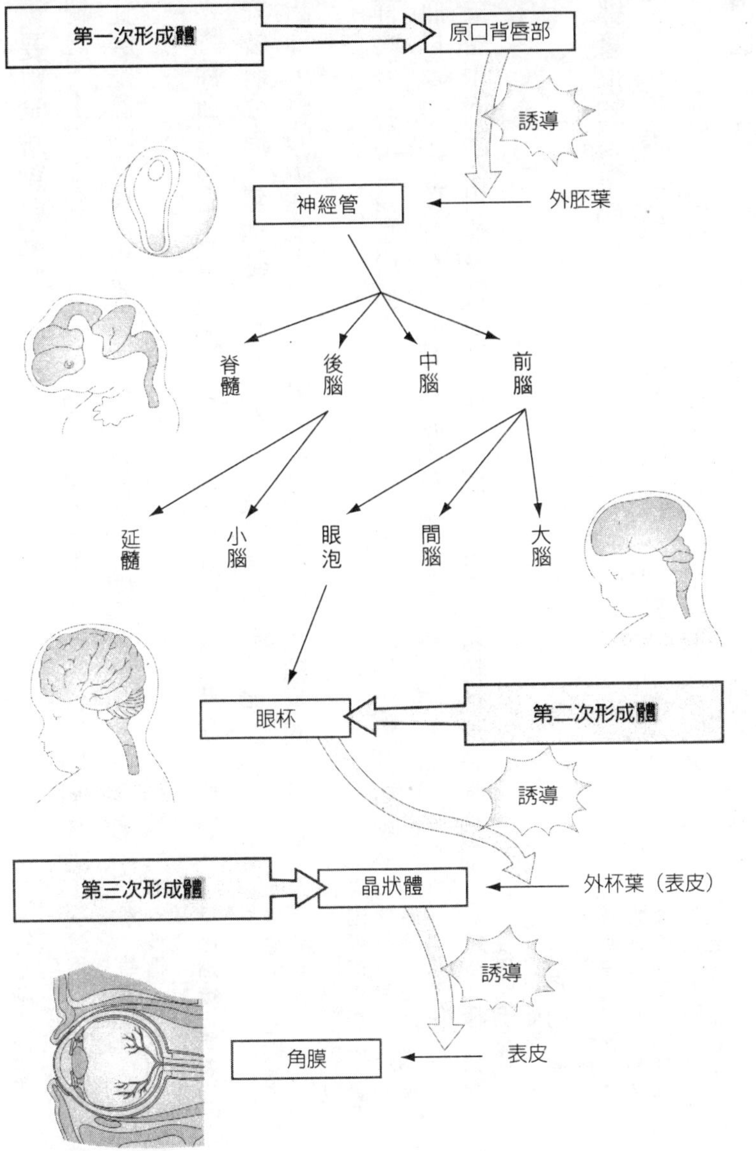

◆生物要經常檢查幹細胞的動態

總之，生物體必須設立幾道嚴密的檢查構造，避免幹細胞胡作非爲，瓦解整體的秩序。用電腦比喻，就像要打開重要文件時必須輸入密碼一樣。

要將幹細胞應用在再生醫療上，一定要充分了解這些檢查構造。目前許多研究者，包括基因組研究在內，努力發現形成體及其受體。此外，有的研究者則致力於研究轉錄因子，以及細胞間相互作用（場）。

有些形成體已經應用在再生醫療上。代表性的就是治療透析患者的貧血以及再生障礙性貧血的**紅細胞生成素**（EPO），還有當成治療投與抗癌劑的副作用**嗜中性白細胞減少症**所使用的**顆粒性球細胞株刺激因子**（G-CSF）。

◆已經實現的醫藥品

EPO是美國艾姆珍公司所發現的紅血球增殖、分化激素，可以使紅母細胞增殖，促進分化成紅血球。EPO是腎臟製造出來的醣蛋白，因此，腎功能衰竭的透析患者無法產生EPO，出現嚴重的貧血

＊紅細胞生成素
紅血球的分化增殖因子，簡稱為EPO，是造血激素。藉著重組DNA技術所產生的EPO，可以當成醫藥品治療透析貧血等。

＊嗜中性白細胞減少症
因為投與抗癌劑等的副作用，同時骨髓細胞受損，嗜中性白細胞減少容易得感染症等。

＊顆粒性球細胞株增殖因子
可以促進造血幹細胞分化、增殖為嗜中性白細胞、嗜鹼性白細胞、嗜酸性白細胞等顆粒球的因子。也稱為顆粒性球細胞株促進因子，簡稱G-CSF。

生物可以控制幹細胞！

只有在必要時 → 只有在必要的場所 → 只製造必要量 → 只供應必要的細胞

↓

控制增殖、分化！

↓

控制不可以隨意增殖、分化！

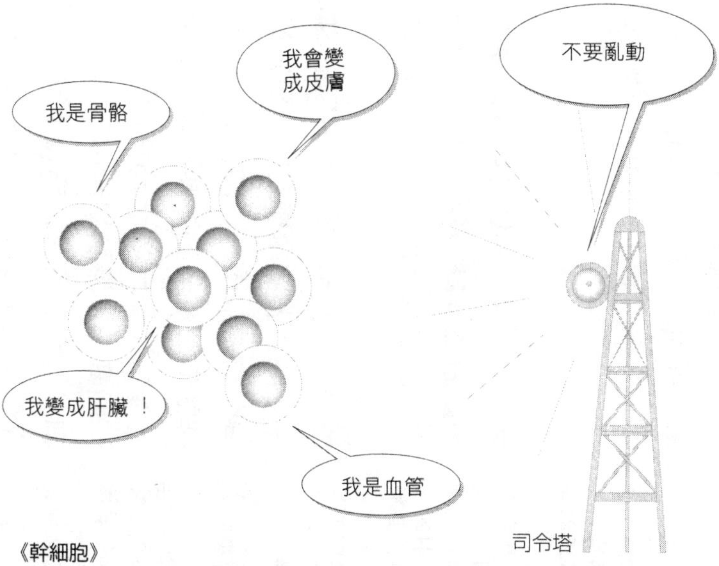

我是骨骼
我會變成皮膚
不要亂動
我變成肝臟！
我是血管
司令塔

《幹細胞》

例如皮膚受傷時，會下達再生皮膚的指示，然後按照指示反覆增殖、分化，讓器官再生。

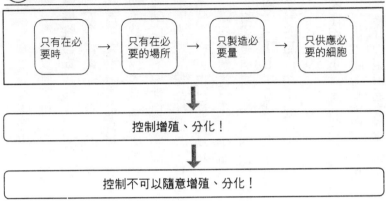

症狀。艾姆珍公司開發出利用動物細胞培養法生產EPO，經由臨床實驗，得到政府許可，這種物質可以用來治療透析患者的貧血以及**再生障礙性貧血**，現在世界各地都在使用，成爲營業額高達一千億圓以上的大型醫藥品。G—CSF則是白血球所製造出來的細胞分裂素，可以誘導與預防感染有關的嗜中性白細胞的增殖及分化。使用重組微生物，就可以大量生產人類的G—CSF，能夠用來治療使用抗癌劑時的副作用嗜中性白細胞減少症並加以預防，也成爲營業額高達一千億圓的大型醫藥品。此外，**巨噬細胞增殖因子**M—CSF則可治療白血球減少症，也已經製品化了。

這些增殖、分化因子當成蛋白製劑，能夠以注射的方式輕易的投與，對患者而言，最大的優點就是負擔較少。目前關於**血小板增殖分化因子**（IL—6或IL—11等）以及**骨增殖分化因子**（b—FGF）等醫藥品也在研究當中。

◆副作用較少，同時可以減輕醫師的負擔

今後，隨著基因組的解析以及各種幹細胞研究的進步，會陸續發現各個幹細胞特異的增殖因子或分化因子，期待開發成醫藥品。在再

＊再生障礙性貧血
因為無法應付溶血等症狀，來不及供應紅血球而引起的惡性貧血。

＊巨噬細胞增殖因子
促進巨噬細胞分化、增殖的細胞分裂素。

＊血小板增殖分化因子
促進血小板分化、增殖的細胞分裂素。

＊骨增殖分化因子
促進骨分化、增殖的細胞分裂素

只要注射即可嗎？

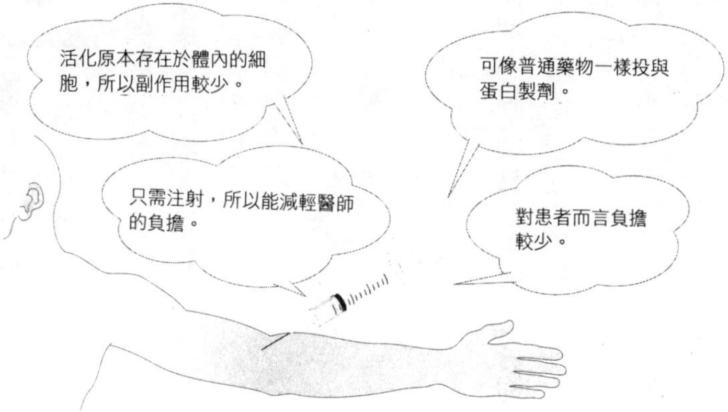
活化原本存在於體內的細胞，所以副作用較少。
只需注射，所以能減輕醫師的負擔。
可像普通藥物一樣投與蛋白製劑。
對患者而言負擔較少。

生醫療方面，生殖、分化因子能夠讓身體原本具備的儲備細胞幹細胞甦醒，增殖、分化必要的功能細胞，可以減少副作用，對患者、醫師而言都是負擔較少的理想治療法。

只要到醫院注射，就可以輕易的治療，所以，再生醫療的確是非常先進的醫療。因爲是讓幹細胞增殖、分化，因此是非常棒的再生醫療，被視爲未來的醫學，事實上已經有一部分開始使用了。今後將陸續發現各種幹細胞的增殖、分化因子，期待開發成醫藥品。此外，並非直接注射增殖、分化因子，而是導入其基因的基因治療今後也可行。

3 細胞治療

★讓在體外增殖、分化的細胞重回患者體內

◆細胞治療的意義

最簡單、負擔又最少的再生醫療，就是注射幹細胞增殖、分化因子，但是，注射增殖、分化因子無法應用在所有的再生醫療上。因爲儲備細胞幹細胞的數目非常少，增殖、分化的時間很長，所以，注射增殖、分化因子只能促進幹細胞的動員，無法即時發揮效果。

因此，在體外增殖、分化後再讓細胞重回患者體內的細胞治療是必要的。

◆從取出的細胞中篩選出適合目的使用的幹細胞

細胞治療必須從組織或骨髓中取出細胞，然後再篩選出適合使用目的的幹細胞。

因此，必須詳細研究各幹細胞表面的記號（表面標記），所以，知道幹細胞特殊的標記或標記的組合很重要。

決定標記後，使用ＦＡＣＳ儀器只收集這些細胞。將收集的幹細

＊ＦＡＣＳ　螢光激發細胞分析儀，Fluorescence-Activated Cell Sorter的簡稱。可以識別分析每個細胞表面的螢光強度和粗細、大小等，分別取出特定細胞群進行研究的儀器。

細胞治療的流程

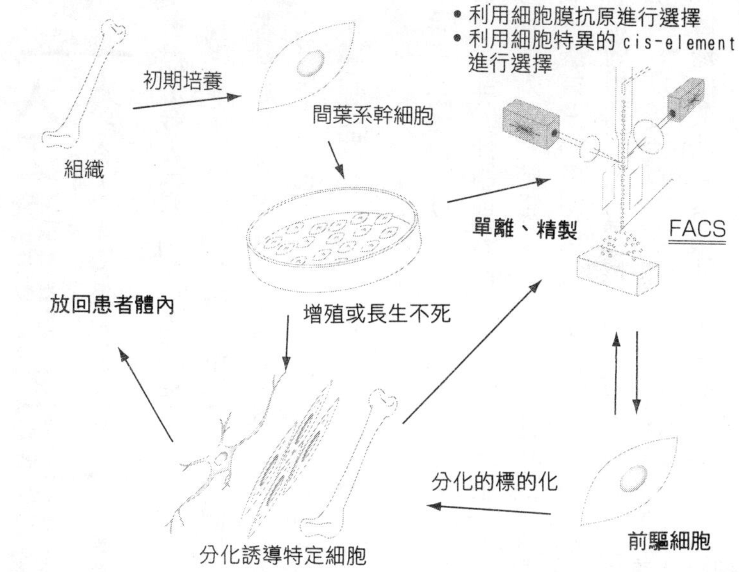

胞（前驅細胞）加入各種化學物質或增殖、分化因子，加以培養使其增殖、分化，然後再植回患者體內，這樣就可以補充、再生因爲某種原因而失去的細胞。

因爲是移植他人的血液細胞，所以，不算是再生醫療，只要想想輸血的道理即可了解。

人工臟器與再生臟器

★組合人工臟器與細胞的混合臟器

◆目前還無法令人滿意的人工臟器

一旦臟器功能衰竭或臟器嚴重受損，則即使進行移入細胞的細胞治療也無法修復。目前臟器嚴重損傷時，唯一的治療法是採用**人工心肺**，利用好像人工透析的人工臟器延緩壽命或移植他人的臟器。移植臟器的問題，次項會爲各位詳細敘述，在此探討人工臟器與再生臟器。

所謂人工臟器，就是人類使用人工材料模仿臟器的功能製造出來的儀器。一部分採用埋入體內的方式，不過大部分都是採用裝配在體外的方式。人工心肺是動手術時暫時使用的，簡單的說，就是代替肺送入氧（空氣）的風箱以及代替心臟送入血液的泵。

有常備用的人工心臟也是一種泵，有心室和心房，構造和真正的心臟相同。藉著合適的素材可以長期使用，目前已經開發出埋入式的心臟。但是持久性、信賴性等還不算很周全，只能當成移植手術前的緊急處置。

＊**人工心肺** 取代心臟或肺，讓血液循環或將空氣送入肺等的醫療儀器。使用於動手術或急救時。

人工心肺的構造

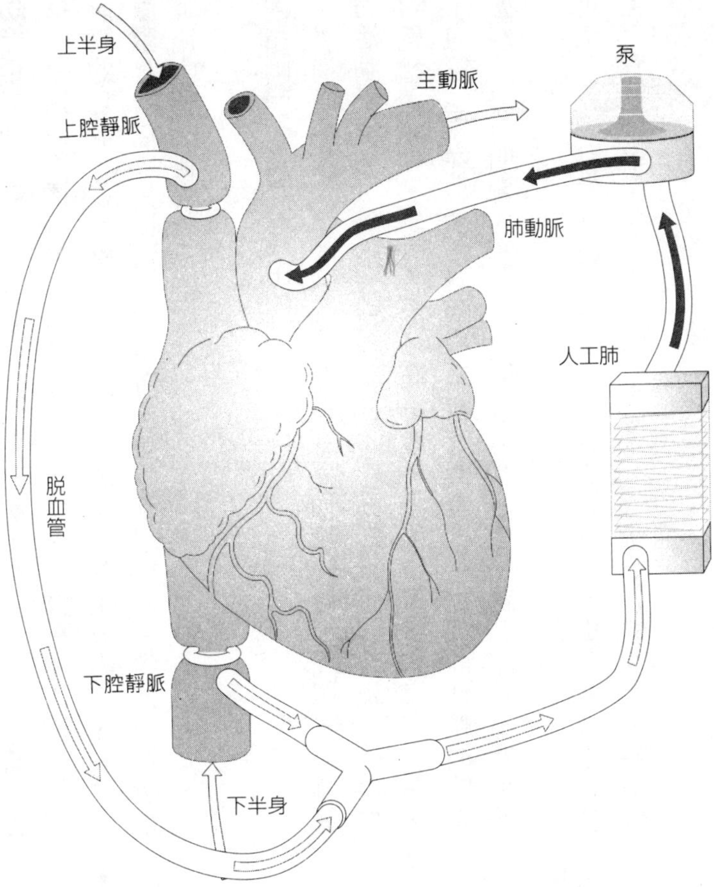

動心臟手術時心跳必須停止，所以，需要人工心肺負責心臟與肺的作用。

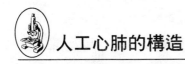

腎功能衰竭的患者，一週要住院二、三次，花二、三個小時進行透析治療。使用人工透析膜的透析裝置，稱爲人工腎臟，但是，只有去除老廢物的功能，並無腎臟可製造出來的紅細胞生成素（ＥＰＯ）的**造血激素**，所以，長期透析的患者可能會引起貧血。到醫院透析很痛苦，而且功能也無法令人滿意。

***造血激素** 促進紅血球增殖、分化的因子。

◆必須依賴臟器移植的理由

人工骨有金屬或陶瓷等製品，存在著生物趨向性等問題，而關節部分等的活動不滑順，無法維持持久性，容易耗損，同時也不適用於成長期的兒童。此外，埋入人工骨的患者，必須好幾次動更換手術。

人工血管也還在各種檢討階段，藉著開發出生物趨向性較高的素材以及**塗料**，已有明顯的改良，但還是有塞住等問題，而且不能長期使用。

***塗料** 被覆劑。可塗抹在物體表面的物質。

近年來，新素材的開發以及科技、電腦的發達，使人工臟器日益進步，但畢竟是儀器，無法令人完全滿意，一些問題使我們不得不依賴臟器移植。

人工臟器的問題

人工骨的例子

- 生物趨向性的問題
- 關節部分的活動是否順暢
- 持久性、耗損
- 成長期的兒童無法使用
- 必須動好幾次更換手術

人工血管的例子

- 長期使用可能會塞住
- 毛細血管等製造上較困難

↓

畢竟是儀器，所以無法令人完全滿意 !!

↓

必須依賴臟器移植

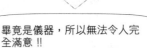

◆對再生臟器的期待與可能性

因爲發現各種臟器的幹細胞，所以，不必使用人工臟器，可以進一步的製造出再生臟器。最理想的方法，就是培養從患者本人所取得的幹細胞，使其在試管內增殖、分化，以人工方式形成器官後，再移植到患者體內。

這個方法正逐步應用在皮膚上，但是，要使用這個方法製造出完美的臟器並不容易。

因此，想到**混合型**的再生臟器。用人工素材製作臟器的形狀，然後植入細胞種加以培養，使其增殖、分化，用細胞覆蓋人工的底盤，變成具有細胞功能的再生臟器，然後再移植到患者體內。形狀和持久性是人工素材，但是，生物趨向性和臟器的功能則是細胞原有的，這就是混合型的再生臟器。

***混合型**
即二種物質混合、合為一體的意思。例如，將細胞植入人工臟器，同時具有兩者特徵的臟器就稱為混合型臟器。

◆骨骼和皮膚等，目前已經出現具有持久性的混合型臟器

用培養皿培養皮膚細胞，可以進行單層增殖，再移植到燒燙傷的部位，因爲是單層的，沒有強度，而且從培養皿上取下來或移植時可能會破裂或黏在一起，因此，必須以**膠原蛋白布**或膜爲底盤，然後在上面培養、增殖表皮細胞，如此即可製造出比較強韌的再生皮膚。移

***膠原蛋白布**
利用膠原蛋白這種生物蛋白製造出來的布。

何謂混合型臟器？

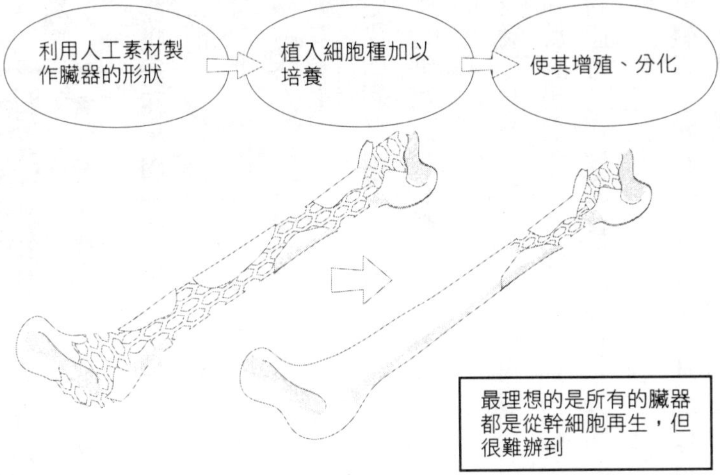
利用人工素材製作臟器的形狀
植入細胞種加以培養
使其增殖、分化
最理想的是所有的臟器都是從幹細胞再生，但很難辦到

植到幹部後過了一段時間，膠原蛋白膜就會被身體吸收，而細胞依然生存，再生爲普通的皮膚。

骨骼方面，是利用**羥磷灰石**等素材，以人工方式製造出多孔質的底盤，在這個底盤上植入骨母細胞加以培養，讓骨細胞增殖、分化，就可以製造出類似真正骨骼的再生骨。然後移植到患部，比起以往人工骨移植而言，生物趨向性、持久性較佳。

相信今後其他的臟器也能夠開發出這類混合型的再生臟器。

＊羥磷灰石 是鈣與磷的結晶所形成的生物陶瓷。是牙齒和骨骼的主要成分之一。

臟器移植與再生醫療

★排斥反應和判定腦死的問題都可釐清嗎？

◆活體臟器移植與死體臟器移植

目前，心臟、肝臟、腎臟、肺臟、角膜、皮膚、骨髓等臟器嚴重損傷時，唯一的治療法，就是必須移植自己或他人的臟器。臟器移植又分爲由活人提供臟器的活體臟器移植，以及從死人身上移植臟器的死體臟器移植。

需要二個腎臟、再生力較強的骨髓、肝臟、皮膚、骨骼等臟器，才會進行活體臟器移植。臟器捐贈者必須動臟器切除手術，所以也有復原的問題。

皮膚、骨骼方面，則是取出患者自己身體健全的部分移植患部，問題在於對患者本身負擔較大。抽取骨髓比較簡單，所以，治療白血病或癌症時，在投與會損傷到骨髓細胞的抗癌劑或進行全身放射線療法之前，要先抽取患者本人的骨髓，去除癌細胞後加以保存培養，處置後再植回患者體內，進行**自身骨髓移植**。

而死體臟器移植，則是由死體提供腎臟或角膜，移植後可以顯著

***自身骨髓移植**
取出患者本身的骨髓細胞，經由處理、增殖後再植回患者體內的治療法。

臟器移植的種類

活體臟器移植

2 顆腎臟或再生力較強的骨髓、肝臟、皮膚等都可進行移植。

⇩

動臟器切除手術，器官捐贈者會有負擔及復原的問題。

⇩

可使用患者本身的臟器，但問題在於對患者的負擔較大！

死體臟器移植

腎臟或角膜等，使用死體也沒有關係

⇩

但是其他臟器必須在腦死狀態下切除或移植

⇩

會遇到判定腦死的倫理問題！

發揮功能，但是，其他的臟器則必須在腦死狀態下切除。三年前，日本的腦死臟器移植已經合法化，不過，關於**腦死判定**方面，目前還是眾說紛紜。

◆排斥反應是免疫上的大問題

臟器移植除了遇到上述問題之外，還會遇到免疫上的大問題，也就是排斥反應。人所有細胞的表面都有堪稱個人識別編號的標誌。專門術語就是**主要組織相容性抗原**（MHC）。

就像識別編號一樣，幾乎沒有人全部的編號完全吻合。免疫監視構造經常監視這些識別編號，一旦有不同編號的細胞進入體內，就會識別出這是非自己（不是自己）而想要加以排除。因此，若是移植他人不同編號的臟器，就會產生排斥反應。

◆即使抑制排斥反應，卻又會遇到感染症的問題……

爲了避免排斥反應，臟器捐贈者細胞的MHC應該和希望移植者的MHC對照，移植給一致度最高的人。但是MHC不可能一〇〇%吻合，所以，移植後終生都必須服用**免疫抑制劑**。

＊腦死判定
臨床上判定腦死狀態就是腦死判定。所謂腦死就是腦幹部的活動完全停止，而且不可能復原。臟器移植法上有詳細的規定。

＊主要組織相容性抗原
存在於細胞表面，識別自己的蛋白抗原。Major Histocompatibility Antigen（MHC）。人類的MHC是HLA。移植臟器時，MHC不吻合就會引起排斥反應。

何謂排斥反應？

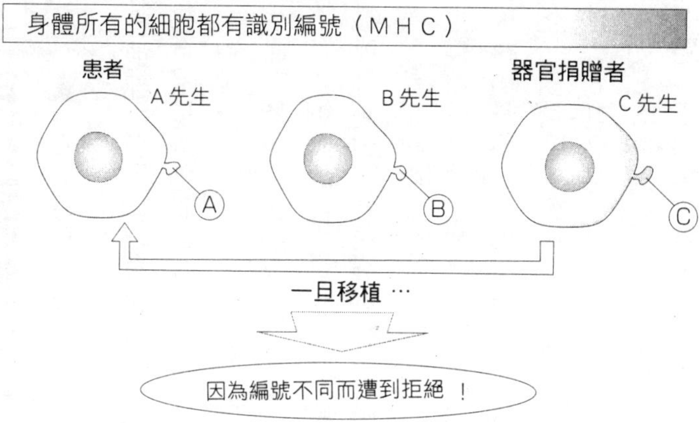
身體所有的細胞都有識別編號（ＭＨＣ）
患者
Ａ先生
Ｂ先生
器官捐贈者
Ｃ先生
Ⓐ
Ⓑ
Ⓒ
一旦移植…
因為編號不同而遭到拒絕！

抑制排斥反應的同時，當然也可能罹患感染症等。若是自己幹細胞製造出來的再生臟器，就不會有捐贈者的負擔、腦死判定、排斥反應等問題。也不需要等待臟器捐贈者，對患者而言當然是一大福音。

所以，利用具有萬能性的胚性幹細胞非常方便，但是，卻有癌化及誕生複製人的危險性等問題，因此，出現贊同與反對兩派意見。若是利用體性幹細胞，就不會有這些問題，可說是最理想的醫療。

＊免疫抑制劑

環孢子菌素、氨基甲葉酸、類固醇激素等抑制胸腺或Ｔ細胞的功能，促進末梢血液中的Ｔ細胞或細胞死，藉此降低免疫力。移植臟器後，必須服用或投與這些藥物，以抑制排斥反應。

再生醫療的課題與問題點

★十年內可能會迅速進步

◆世界各地都已經開始著手於再生醫療的研究

生物全都是以細胞爲基本單位而構成的，從僅僅一個受精卵的細胞開始增殖、分化，藉著各種分化的細胞形成組織、器官、臟器，合力維持生命功能，分化的功能細胞有其壽命，生物的一生中細胞會更新數次，各新細胞的儲備細胞、幹細胞、前驅細胞、母細胞儲藏在成人的組織或骨髓中，利用儲備細胞讓受損的組織、器官、臟器再生的尖端醫療，就是再生醫療。

再生醫療給人夢幻的印象，不過像投與EPO、G—CSF等蛋白醫藥或移植骨髓、皮膚、骨骼，以及活體肝臟移植等，醫療現場都已實用化，對醫療有很大的貢獻。此外，就像培養皮膚一樣，有的企業甚至已經將其商品化。

具有如ES細胞的萬能性的胚性幹細胞的利用，還面臨著倫理和癌化等問題，不過，世界上許多國家都已經開始進行再生醫療的應用研究。

再生醫療與臟器移植

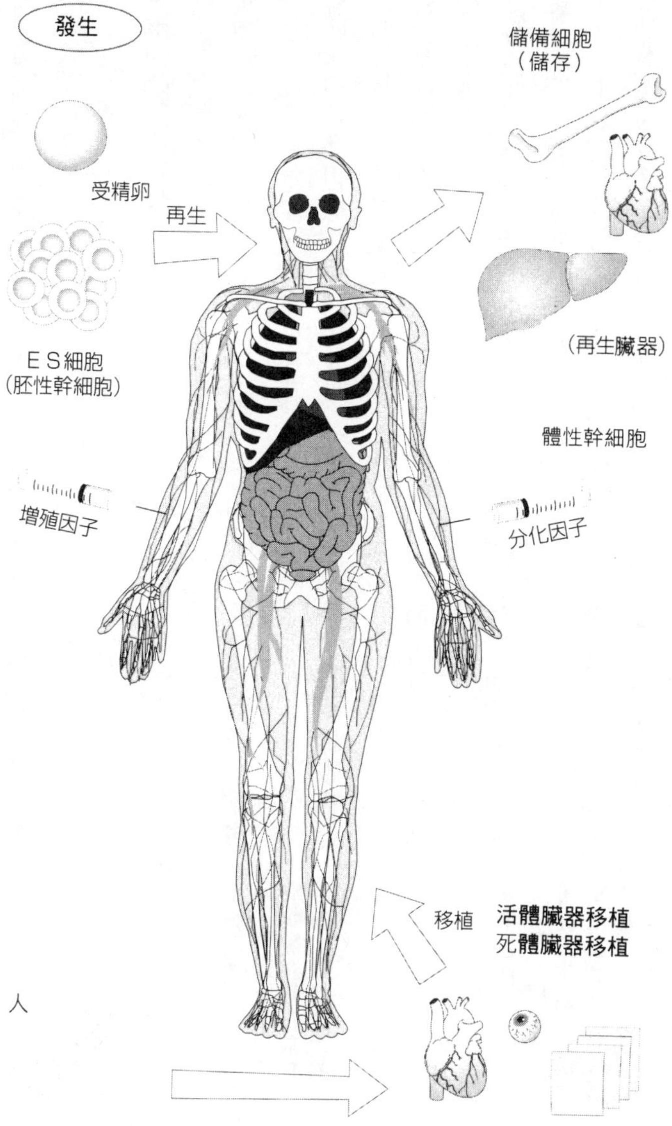
發生
儲備細胞
（儲存）
受精卵
再生
ＥＳ細胞
(胚性幹細胞)
(再生臟器)
體性幹細胞
增殖因子
分化因子
移植
活體臟器移植
死體臟器移植
人

今後，也許會陸續發現各種組織或臟器的體性幹細胞。基因組解讀、基因功能解析的成果、各種幹細胞的增殖或是分化相關因子的發現，都令人期待。

◆必須解決的技術性問題

今後要實現再生醫療，必須解決的技術問題如下。

①關於ES細胞的增殖、分化構造，以及解析其相關因子、**細微環境**的影響都要更進步，安全的應用在再生醫療上。

②從成體許多組織和臟器中，採取、培養能夠分化爲組織或臟器的體性幹細胞或前驅細胞的技術，也必須確立。

③藉著基因組等研究，期待發現與幹細胞的增殖、分化有關的因子、物質或基因。

④隨著類似基因研究的進步，了解器官、臟器的形態或構造，藉著類似基因的基因導入等技術控制形態的形成。

Part6的⑩將敘述日本文部科學省的再生醫療計畫，經濟產業省也在關西設立了**TERC**，京都大學、大阪大學、慶應義塾大學、北里大學、廣島大學、東京大學、東京齒科大學等許多大學及研究

***細微環境** 例如一部分組織或臟器等非常有限的狹隘範圍內的環境。

***TERC** 日本經濟產業省在日本兵庫縣所成立的再生醫療研究機構，英文全名是 Tissue Engineering Research Center

日本的再生醫療研究體制

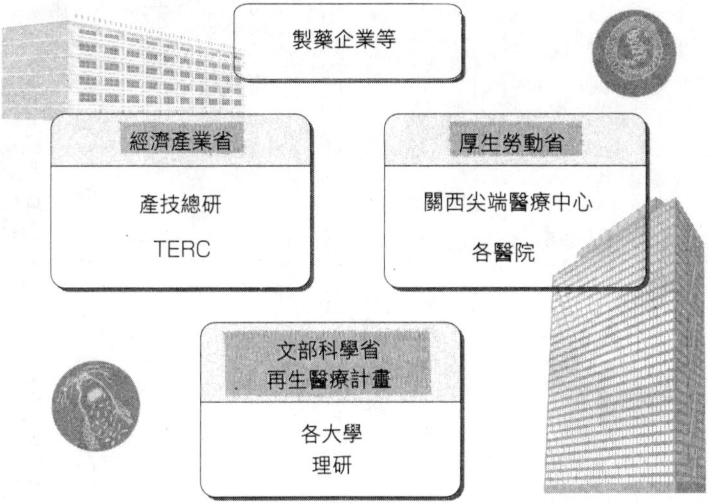

機構，也持續強化再生醫療的研究。世界各地不斷的強化這方面的研究，因此，在未來的十年內將會有迅速的進步。

分論贊成、總論反對？

★目前還殘留增加醫療費以及倫理方面的大課題

◆再生醫療的優點

在討論構造改革時，通常會出現總論贊成、各論反對的情況。關於腦死臟器移植，雖然總論贊成，但是，一旦捐贈者是自己或家人時，恐怕很多人就不見得會贊成了。

利用胚性幹細胞（ＥＳ細胞）或死亡胎兒的幹細胞進行再生醫療時，當然會有包括倫理面在內的贊成、反對兩派理論。就像利用複製人儲備自己的臟器一樣，相信大部分的人都會反對。

而利用自己身體的體性幹細胞的再生醫療，沒有任何倫理問題，是最理想的醫學。

像心臟、肝臟、腎臟或腦等受損的臟器，不需要犧牲他人，就可以利用再生醫療治療，重新拾回健康的生活，的確是最理想的夢幻醫療。以分論而言，利用**自身體性幹細胞**的再生醫療，應該不會出現任何反對意見。

等到學問、技術上都可辦到再生醫療時，一旦生病、受傷、老化

＊**自身體性幹細胞** 存在於自己體內的骨髓與組織中的幹細胞。

贊成到何種程度？

腦死臟器移植

總論→贊成

分論→如果是自己家人的事情……

胚性幹細胞

利用死亡胎兒的幹細胞 ——→ ×

利用複製人當成自己的儲備品 ——→ ×

兩者都會遇到倫理方面的問題

體性幹細胞

利用自身的細胞沒有倫理方面的問題，
也不會產生排斥反應。

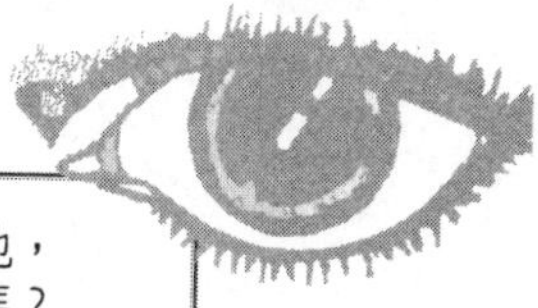

分論並沒有反對的餘地，
這就是理想的治療法嗎？

時人人就可以利用再生醫療。享受再生醫療的恩惠，永遠過著健康的生活，相信這是每個人的夢想。

◆只有有錢人才能接受再生醫療嗎？

大家都能利用再生醫療的社會是什麼樣的社會呢？

不難想像一定會遇到一些問題，例如，再生醫療的經濟性。再生醫療可算是量身打造的尖端醫療，診療費可能很高。如果每個人都接受幾次臟器再生治療，則社會的總醫療費當然十分龐大。

不過可以減少長期的住院、療養，加減之後總成本到底是多少？目前不得而知。

因爲生病而無法工作的人會減少，勞動人口增加，也許藉此也可以吸收因爲再生醫療而增加的醫療費。希望社會學和經濟學的專家們能夠仔細的思考這方面的問題（總論）。

不光是社會的經濟性，個人一生所需支付的醫療費，當然也會增加，結果變成只有負擔得起費用的人才能夠享受再生醫療，亦即只有有錢人才能享受再生醫療的恩惠，這也是必須考慮到的危險性。

在面臨疾病、老化、死亡之前，一旦人人平等的原則瓦解，那麼

再生醫療的經濟性

再生醫療是量身打造的尖端醫療 → 診療成本龐大

可以減少長期住院、療養 → 削減住院所需費用

生病的人數減少，勞動人口增加 → 雖然會花掉龐大的診療費，但是這部分的成本可以被吸收掉

↓

不過，個人應支付的醫療費的確增加了！

↓

會面臨只有有錢人才能享受再生醫療的危險！

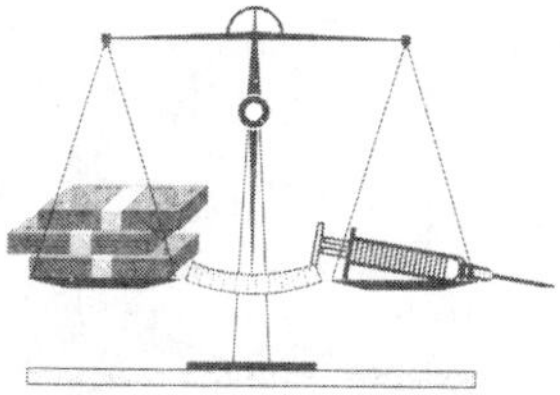

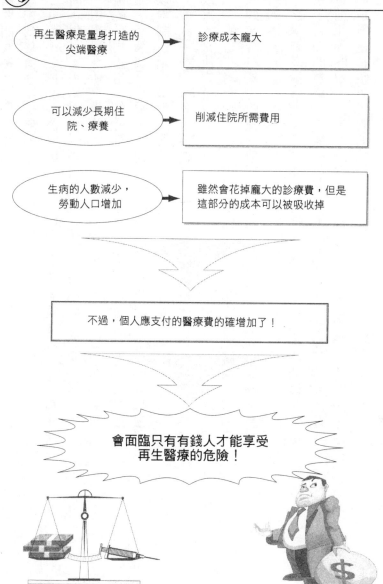

大家要如何接受這個事實呢？

◆該如何釐清倫理的問題呢？

就算不必擔心經濟問題，而且技術也進步到夠實現理想的再生醫療時，但是，人可以接受到何種程度呢？又該由誰來決定呢？

用盡自身所具備的儲備細胞幹細胞之前，是否可以持續接受再生醫療呢？用盡自己的幹細胞後，是否可以利用ＥＳ細胞等持續接受治療呢？到幾歲爲止呢？何種疾病適用於再生醫療呢？這一切要以法律加以限制、規定是很困難的，將會遇到人權的問題。

就像現在的腦死臟器移植一樣，是否接受再生醫療？是否可由自己或家人來決定？

面臨這些問題時，你有決斷的自信嗎？我並沒有這樣的自信。看起來好像是科幻小說裡的情節，但並不是科幻小說，而是未來將會發生的事情。

醫學的進步爲人類帶來極大的福音，但是，維持生命的醫療，卻面臨了人類的尊嚴、安樂死等難以解決的問題，移植臟器醫療引起了判定腦死等問題。再生醫療除了帶來福音之外，也引起一些問題，這些都是現在必須思考的問題。

一旦實現再生醫療……

會不會變成只有有錢人才能享受的尖端醫療呢？

用盡幹細胞之前都可以接受再生醫療嗎？

關於年齡及疾病，是否有法律的限制呢？

也可以利用ＥＳ細胞進行治療嗎？

利用死亡胎兒的幹細胞等，又該如何處理倫理的問題？

現在就要充分討論這些問題，事先做好準備

日本的京都大學、大阪大學以及經濟產業省的產業技術綜合研究所，經由政府許可，研究死亡胎兒幹細胞內神經幹細胞的培養法，今後也許可以先行利用技術問題較少的死亡胎兒幹細胞。最重要的，就是充分討論倫理問題，達成共識。

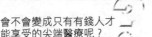

皮膚的再生

血球系的再生

血管的再生

骨、軟骨的再生

肝臟的再生

胰臟的再生

心臟的再生

骨骼肌的再生

腦的再生

角膜、視網膜的再生

可以實現長生不老嗎？

Part 6

人體可以再生到何種程度？

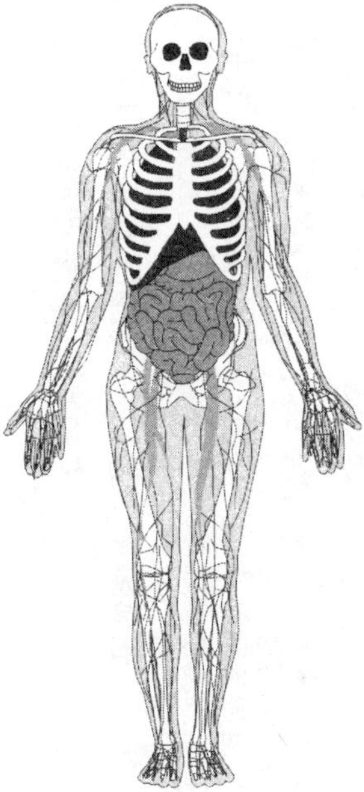

1 皮膚的再生

★非常進步，但是急救上仍有問題

◆皮膚是能夠讓人實際感覺到人類再生力的組織

輕度的割傷或擦傷，一週後傷口就能癒合，幾個月後就看不到疤痕了。皮膚是能夠讓人實際感覺到身體再生力的組織。但如果傷口太大、太深，就不能依賴自然的再生力，必須進行人工皮膚移植或皮膚移植等處置。

皮膚從體表開始依序是由表皮、真皮、皮下組織所構成，表皮與真皮之間存在著**基底膜**，而表皮的最外層則是由表皮細胞角質化的**角質化細胞**所覆蓋。

皮膚是保護生物免於受到外界化學、物理的刺激或細菌等生物攻擊的重要臟器，如果一半以上的體表面積因爲燒燙傷或意外事故、褥瘡、糖尿病性的潰瘍等而受損時，則無法保持生物的恆定性，會危及生命。因此，要儘早進行皮膚再生的處置。

◆自身培養皮膚與同種培養皮膚

＊**基底膜**
在組織學中，將實質細胞與結締組織界面所形成的細胞外基質構成的特異膜狀構造物稱為基底膜。

＊**角質化細胞**
由於角蛋白沈著等，而變硬的細胞。

自身培養表皮的移植方法

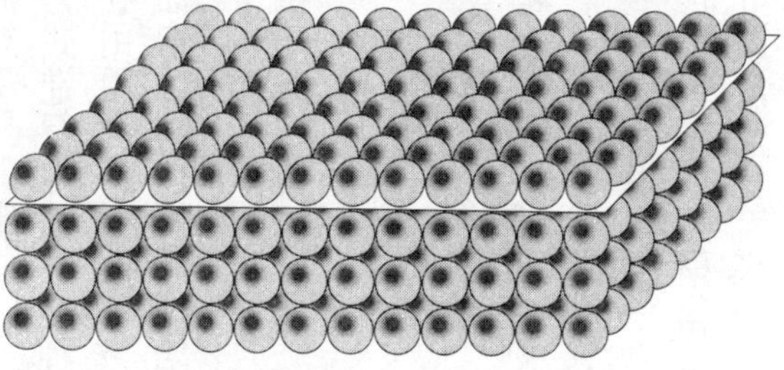
變成重疊化的自
身角質化細胞

全層皮膚缺損、創傷適用同種皮膚

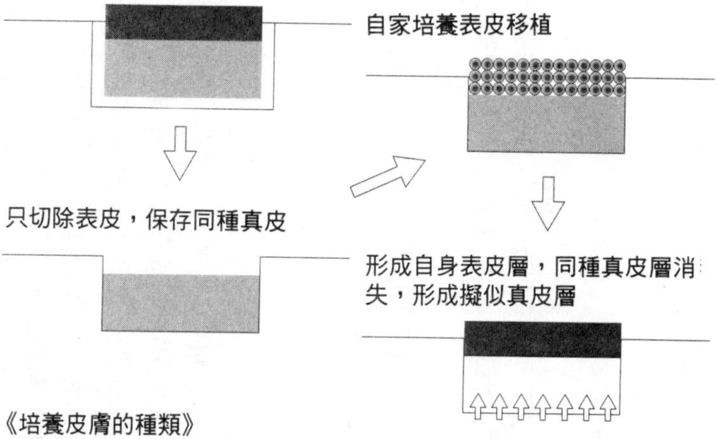
自家培養表皮移植
只切除表皮，保存同種真皮
形成自身表皮層，同種真皮層消
失，形成擬似真皮層

《培養皮膚的種類》

以永久附著為目的的皮膚代替物（使用的細胞）
自身培養表皮（患者自己的角質化細胞） 自身培養真皮（患者自己的纖維芽細胞） 自身培養皮膚（患者自己的角質化細胞與纖維芽細胞） 複合型培養皮膚（患者自己的角質化細胞與他人的纖維芽細胞）
以暫時覆蓋、保護為目的的皮膚代替物（使用的細胞）
同種培養表皮（他人的角質化細胞） 同種培養真皮（他人的纖維芽細胞） 同種培養皮膚（他人的角質化細胞與纖維芽細胞）

雖然不是幹細胞，不過角質化表皮細胞分裂增殖力很強，可以人工的方式進行培養。這種只取出表皮細胞加以培養，稱為**培養表皮**。利用患者自己的表皮細胞，稱為自身培養表皮，若是利用他人的表皮細胞，則稱為同種培養表皮。自身培養表皮不會引起排斥反應，移植的表皮可以繼續成長。目前已經利用自身培養表皮解救重度燒燙傷的例子。自身培養表皮已經由美國的 gen・tissue・repair 公司加以商業化。

◆已經販賣的培養皮膚

培養真皮的纖維芽細胞所製成的培養真皮，與自身的皮膚屬於同種皮膚。纖維芽細胞並沒有像角質化細胞一樣形成薄片的性質，所以要培養成薄片狀需要一些**基質**（matrix）。

膠原蛋白進行**酵素處理膠原蛋白**海綿，或生物吸收性較高的分子等，可以當成基質來使用。在這類的基質上灑上纖維芽細胞所培養出來的，就是培養真皮。

將培養真皮貼於傷口，人工基質慢慢的被吸收，則纖維芽細胞就可以再生類似真皮的基質。

此外，由纖維芽細胞分泌的鹼性纖維芽細胞增殖因子（bFGF）等**細胞分裂素**的作用，能夠形成好幾層，促進表皮細胞的增殖，使

＊培養表皮

用於治療燒燙傷。是將表皮細胞放在培養基中進行人工培養，使其增殖為薄片狀後再使用。

＊基質

骨架。培養表皮等這些單層的薄膜容易破裂，不容易處理，因此，要利用成為基質的膠原蛋白製造的布使其增殖，藉以得到強韌、容易處理的培養表皮。此外，也可形成骨骼等形狀，在製作形狀的各種人工基質上進行骨骼生成，就可以製作成再生骨。

何謂人工皮膚？

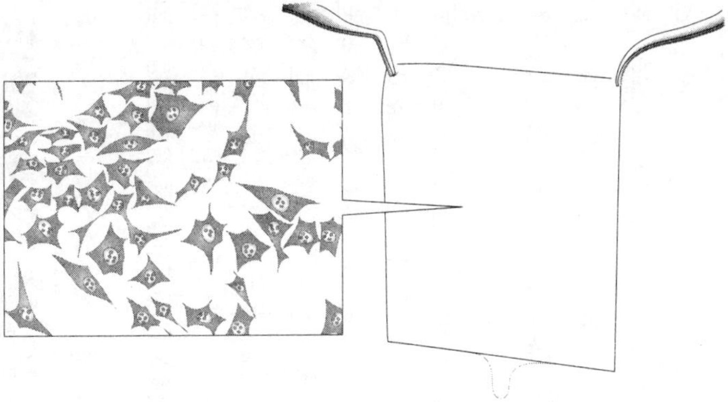

皮膚再生。在美國，同種培養真皮已經由 ad-vance tissue sc-ience 公司銷售。在培養真皮上，重疊角質化細胞所培養出來的就是培養皮膚，由美國的 organogenesis 公司銷售同種培養皮膚。

培養表皮、培養真皮、培養皮膚，可以在嚴重燒燙傷、褥瘡、糖尿病性潰瘍等再生醫療上發揮效果。

培養需要將近一個月的時間，在緊急情況時會有問題，有必要縮短培養時間。

＊酵素處理膠原蛋白

利用蛋白分解酶處理膠原蛋白，變成可溶於水的物質。由於抗原性較低，所以，也可用來當成化妝品的素材等。

＊細胞分裂素

細胞所製造的蛋白性信號物質。淋巴球製造出來的就稱為淋巴細胞活素。

2 血球系的再生

★被ＡＩＤＳ破壞的細胞可能再生嗎？

◆臨床上已經利用幹細胞進行再生醫療

血液中存在著紅血球、血小板、白血球、淋巴球等不同系列的各種細胞，全都來自骨髓中的造血幹細胞。骨髓中的造血幹細胞受到各種細胞分裂素的刺激，會反覆、階段性的增殖、分化爲各種系列及前驅細胞（母細胞），必要時持續供給不足的血球系細胞。

臨床上，因爲貧血、白血病等疾病，或照射放射線而損傷血液細胞時，會輸血或投與造血細胞分裂素，同時嘗試利用幹細胞的再生醫療。

因爲受傷或手術的出血而導致貧血時，可以藉著他人的輸血暫時解決貧血狀態，然後靠著自己造血幹細胞的自然再生力恢復健康，所以，不需要再生醫療。但如果是腎功能衰竭的透析貧血或再生障礙性貧血，就需要依賴再生醫療了。

腎功能衰竭患者的透析貧血，起因於腎臟製造出來的紅血球增殖、分化因子紅細胞生成素（ＥＰＯ）這種細胞分裂素不足。

造血幹細胞的自我複製與分化

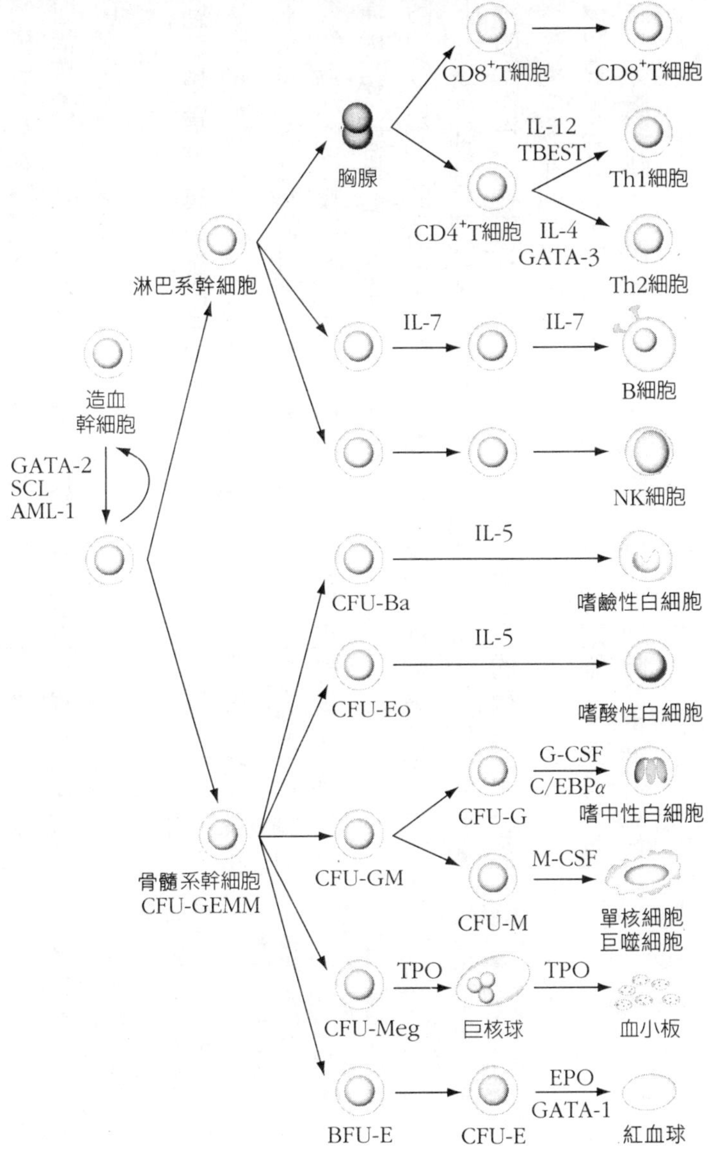

美國的愛姆曾公司，利用基因重組技術成功的生產EPO，製造出貧血治療劑，並且已經在日本發售。投與**蛋白製劑**，算是再生醫療的成功例之一。

◆抗癌劑也會殺死骨髓細胞或白血球

治療癌症的方法之一就是投與抗癌劑，但是，許多抗癌劑在殺死癌細胞的同時，也會殺死骨髓細胞和白血球。這是抗癌劑最大的副作用，導致無法完全投與抗癌劑。投與抗癌劑，會嚴重損傷嗜中性白細胞這種對預防感染而言非常重要的白血球。

嗜中性白細胞的增殖、分化因子**顆粒性球細胞株刺激因子**（G－CSF）這種細胞分裂素，已經當成醫藥品開發出來，同時用來減輕抗癌劑的副作用。投與G－CSF，就可以投與更多的抗癌劑，當然也能提高治療癌症的效果。

投與G－CSF，則末梢血液中會釋出很多幹細胞，不必進行負擔較大的骨髓穿刺，只要從末梢血液中採取造血幹細胞就可進行幹細胞移植。

＊蛋白製劑
各種荷爾蒙、細胞分裂素、抗體等的蛋白質，為了當成醫藥品來使用而加以製劑化。

＊顆粒性球細胞株增殖因子
可以促進造血幹細胞的嗜中性白細胞、嗜酸性白細胞、嗜鹼性白細胞等分化、增殖為顆粒性球的因子。也稱為顆粒性球細胞株刺激因子。簡稱G-CSF。

人類血液的成分與功能

血液的功能	• 運送二氧化碳、營養、荷爾蒙、血漿蛋白 • 調節滲透壓、pH 值	
成　　分	● 液體成分	血漿55%
	● 血球	45%
有形成分	● 紅血球	搬運氧氣 壽命120日 ♂500萬/mm³ ♀450萬/mm³
	● 血小板	凝固血液
	● 白血球	排除異物 壽命3日 6000～8000/mm³

◆擴大及充實骨髓銀行的必要性

對於治療癌症、白血病或照射放射線的患者，可進行造血幹細胞移植。治療白血病大多是投與抗癌劑或照射放射線，但是，會嚴重損傷骨髓細胞。投與抗癌劑或照射放射線前，取出骨髓細胞，在試管內去除癌細胞後加以保存，等治療後再植回體內。使用患者自己的骨髓細胞進行自身骨髓移植或使用他人的細胞進行同種骨髓移植，都是可行的方法。不過，若使用G-CSF，從末梢血液中採取幹細胞，就可以減輕骨髓細胞捐贈者的負擔。

大量暴露在放射線中，損傷最嚴重的就是骨髓細胞。例如JCO暴露在放射線中的事故，受傷者進行骨髓移植的報導，相信很多人記憶猶新。當時患者的骨髓細胞嚴重的受損，要進行同種骨髓移植。因爲是他人的骨髓，所以，最好使用主要組織相容性複體(major histocompatibility complex，簡稱MHC)等近親的骨髓，這時就有擴大、充實**骨髓銀行**的必要。

*骨髓銀行

當有患者需要骨髓移植時，從預先登錄的骨髓捐贈者之中，選擇與患者的MHC相容性較高的人來捐贈骨髓。MHC相容的人非常少，必須登錄許多骨髓捐贈者的資料，因而設立管理捐贈者資料的銀行。

◆再生醫療、基因治療的應用可以到達何種程度

隨著基因組研究的進展，發現了EPO和G-CSF等各種細胞分裂素，期待可以開發出這類的蛋白製劑。

骨髓銀行的構造

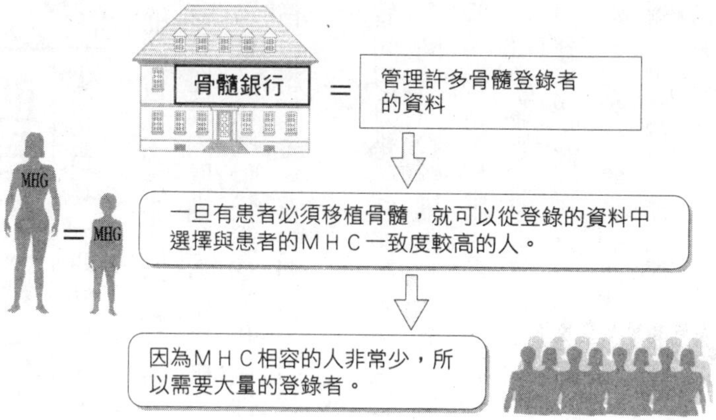
骨髓銀行
=
管理許多骨髓登錄者的資料
MHG
=
MHG
一旦有患者必須移植骨髓，就可以從登錄的資料中選擇與患者的ＭＨＣ一致度較高的人。
因為ＭＨＣ相容的人非常少，所以需要大量的登錄者。

許多細胞分裂素不光是直接投與，也可在試管內添加適當的細胞分裂素，培養出造血幹細胞，使其儘快增殖、分化，有助細胞治療。

藉著細胞分裂素，也可以分化特定系列或種類的血球細胞，例如，只分化血小板等，對於缺乏血小板的疾病進行再生醫療。此外，也可以應用在基因治療上。

目前T細胞系列的細胞再生較困難，不過，若開發出細胞分裂素或**T前驅細胞濃縮法**，則像ＡＩＤＳ等被感染病毒（愛滋病毒）破壞的輔助T細胞就可能再生。

***T細胞前驅細胞濃縮法**

給予某種刺激時能夠分化為Ｔ細胞的細胞，就稱為Ｔ細胞前驅細胞。只濃縮Ｔ細胞前驅細胞加以聚集，就可應用在醫療上，目前尚未確立實用的Ｔ細胞前驅細胞濃縮法。

血管的再生

★還需要一段時間的新生血管的再生醫療

血管是血管內壁細胞與壁細胞（血管平滑肌與外膜細胞）重疊成管狀的器官，以網眼狀或葉脈狀遍佈全身。血管就是血液的通道，將氧及營養送達身體各處的細胞，同時也是回收二氧化碳、老廢物的通道。

◆不同的部位，大小粗細各有不同

血管可以分爲動脈、靜脈、毛細血管。此外，不同的部位，粗細也各有不同。血管幹細胞、血管母細胞存在於骨髓中，增殖、分化後形成血管。動脈、靜脈、毛細血管等各部位的粗細，到底是如何控制形成的，目前還無法完全了解。考慮到這麼複雜的形態，就可知道一定和許多分化誘導因子以及細胞素等有關。

總之，遍佈於體內的血管，任何一處阻塞時，前方的細胞就會有死亡之虞。尤其是腦梗塞或心肌梗塞等，當腦或心臟血管阻塞時就會危及生命。

對於這種緊急時刻的治療，必須投與能夠溶解阻塞血栓的**尿激酶**

＊尿激酶　分解纖維蛋白、活化纖維蛋白酶原的酵素。精製男人的尿或利用組織培養生產出來，當成血栓溶解劑應用在醫療上。

人體的血管

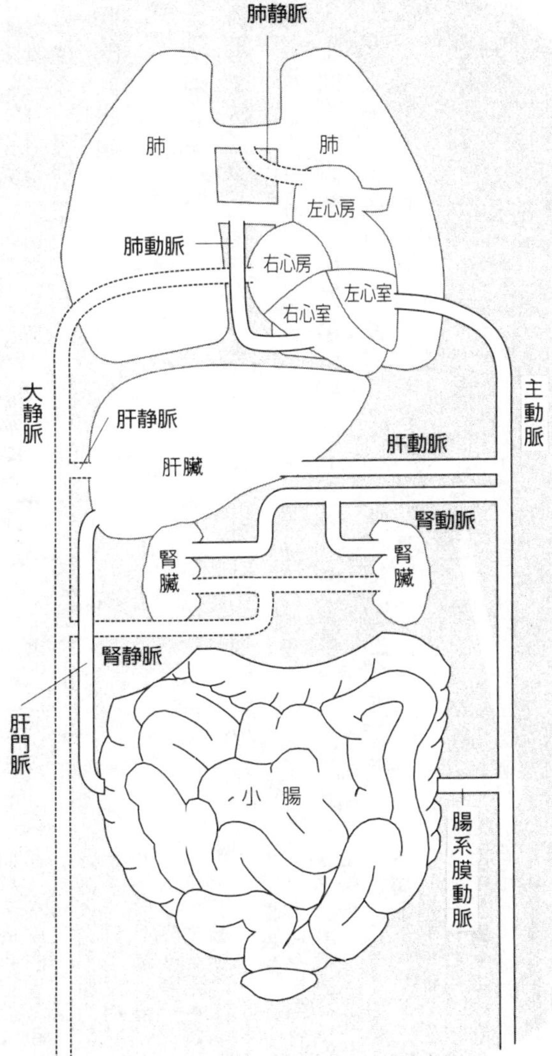
肺靜脈
肺
肺
左心房
肺動脈
右心房
左心室
右心室
大靜脈
主動脈
肝靜脈
肝臟
肝動脈
腎動脈
腎臟
腎臟
腎靜脈
肝門脈
小腸
腸系膜動脈

或TPA、**酵素製劑**。但是，只有在剛阻塞時投與這些物質才能夠產生效果，一旦使用方法錯誤，就會引起出血等副作用。插入**導管**，利用氣球擴張阻塞的部位。也可以插入稱爲**不銹鋼管**的金屬管，確保血液流通，但是，復發率較高。此外，也可能會進行**導管手術**、大血管手術等開胸的大手術。

◆很難製造出細的血管

慢性閉塞性動脈硬化症或重症缺血性心臟病，以及因爲事故等的血管嚴重受損時，必須重新更換新的血管。使用生物相容性較大的素材，製造人工血管的研究，目前還在進行中，但是，經過一陣子之後血液就會阻塞，另外，還有持久性的問題以及難以製造出細血管的困難之處。所以，期待這方面的再生醫療有更大的突破。

形成脈管或血管新生的細胞分裂素及其受體的研究，相當盛行，鑑定出血管內皮增殖因子（VEGF）等許多細胞分裂素，也逐漸了解其作用。隨著研究的進步，可以了解到這些細胞分裂素各自擁有很多的分子種，也知道其控制的情況非常複雜，因此，要將這些應用在血管新生等再生醫療方面，大概還需要一段時間。

＊TPA Tissue-type plasminogen activator的簡稱。與存在於人體組織中的尿激酶非常類似，是活化纖維蛋白酶原的酵素。可以利用組織培養法或基因重組DNA法生產出來，當成血栓溶解劑應用在醫療上。

＊酵素製劑 蛋白製劑內特別將酵素製劑化的醫藥品。

＊導管 醫療用的細管，包括鼻腔用、尿道用、膽管用、胰管用等，依用途的不同而有不同的種類。

血管的構造與血球

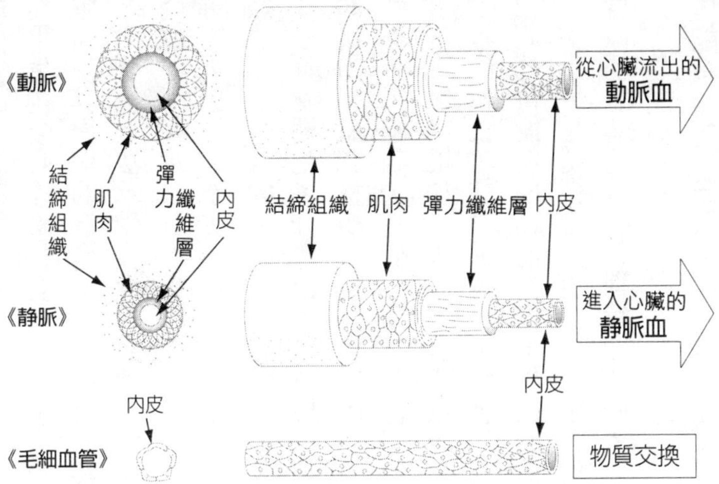

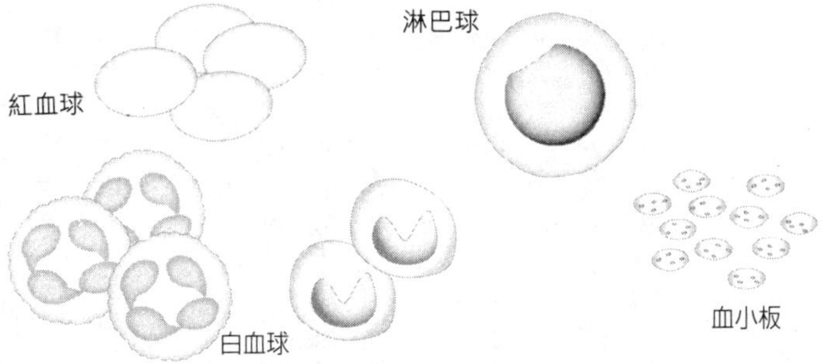

＊**不銹鋼管**

用金屬製的細管，可安裝在血管狹窄的部位，能夠以物理的方式推壓血管，確保血液順暢。

＊**導管手術**

避開因為狹窄而血流停止的血管連接另外的血管，確保血流，同時讓血液送達組織的手術。

◆要加以實用化必須先改善強度

利用生物吸收性素材製造的人工血管，植入血管母細胞或血管內皮細胞而使其增殖的混合型再生血管的移植研究，目前還在進行中，但是，附著後無法承受較大的血壓，因此，在實用化方面必須改善強度的問題。

關於血管再生療法，目前可能性最高的是利用自身骨髓幹細胞的細胞療法。久留米大學的研究團體，穿刺慢性閉塞性動脈症患者的骼骨，採取骨髓細胞，分離出骨髓單核細胞，移植到患者的**缺血小腿屈側骨骼肌**內，確認移植部位血管新生，血管徑增加，血流恢復，因此可以延長步行距離，減少疼痛，改善症狀。

隨著臨床例增加，確立細胞療法後，將是患者的一大福音，因爲慢性閉塞性動脈症是糖尿病的併發症，沒有治療法，許多患者爲此所苦，因此期待能夠成爲血液循環障礙的血管再生醫療，發揮劃時代的作用。不光是骨髓細胞，也可以利用末梢血中的血管內皮前驅細胞，大幅度減輕患者的負擔。期待今後研究的進展。

＊**缺血小腿屈側骨骼肌**　小腿內側的骨骼肌因為血管狹窄等而血流停止，形成缺血狀態。

◆也可能有助於確定難治疾病的治療法

人工血管的問題點

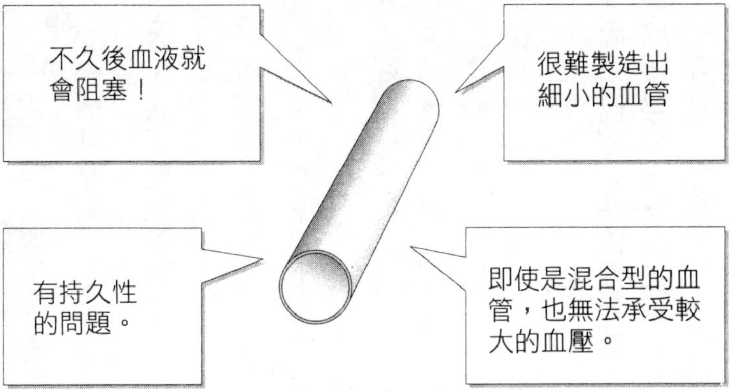
不久後血液就
會阻塞！
很難製造出
細小的血管
有持久性
的問題。
即使是混合型的血
管，也無法承受較
大的血壓。

雖然不是再生醫療，但是血管新生的研究，的確有可能確立**糖尿病性視網膜症**與癌症等難治疾病的治療法。癌症部位很容易出現血管新生，導致癌症部位越來越大。糖尿病性視網膜症是因爲視網膜缺血而導致異常血管新生，會引起失明，是非常可怕的疾病。不論是癌症或糖尿病性視網膜症，能夠抑制血管新生，就能治癒疾病或遏止疾病惡化。

它也可以抑制與血管新生有關的細胞分裂素產生，阻礙其作用。關於阻礙與受體結合的藥劑或抗體的研究，成爲新型抗癌劑或糖尿病性視網膜症的治療劑，製藥公司正在開發中。

***糖尿病性視網膜症**
糖尿病代表的併發症之一，放任不管可能會失明。

骨、軟骨的再生

★新發現，對再生醫療期待更高的範圍

◆人工骨、人工關節的移植

關節是由表面平滑的玻璃軟骨覆蓋的半球形骨頭以及另一側半球形的陷凹所組成。關節中存在著具有潤滑油作用的關節液，使活動順暢。由股骨與腰的髖骨所構成的股關節，可以承受數倍體重的負荷而順暢的活動。但是，因爲磨損或關節風濕等疾病、受傷，關節軟骨破損或是引起關節變形，就會造成嚴重的關節痛，症狀持續惡化時，根本無法活動關節，甚至妨礙了日常生活。

像這樣的情況，可以利用骨移植或人工骨、人工關節移植來治療骨骼或關節。

◆無法完全吻合人類的成長或老化

骨移植包括自身骨移植和同種骨移植，不論是哪一種，移植骨的採取量都有限，無法填補大型缺損部分。此外，關節部無法得到移植骨，因此骨移植的治療相當困難。日本一年有數萬人，全世界有數十

使用自身細胞的人工骨的流程圖

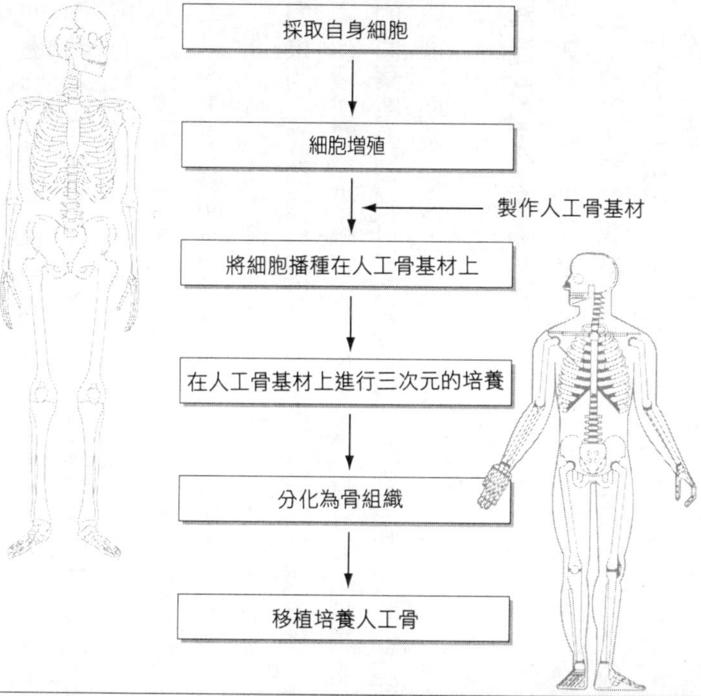

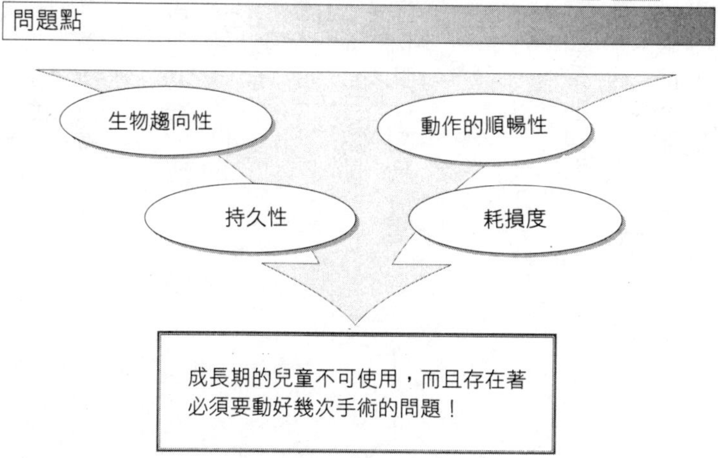

萬名患者接受人工股關節的更換手術。人工股關節的髖骨側要削去覆蓋陷凹處的軟骨，然後固定超高分子量聚乙烯製的人工杯（臼蓋）。股骨側則是必須切除骨頭，在削去骨髓的洞中插入人工骨頭所覆蓋的金屬製心柱。

人工臼蓋與人工骨頭的組合，能夠出現不妨礙日常步行的治療成果。但是，人工關節有持久性與無法吻合接受手術者的成長、老化的問題。關於持久性，雖然在改良素材、形狀上下工夫，但畢竟是人工製造的東西，當然無法吻合接受手術者的成長與老化。

關節液或關節骨膜中，存在著骨或軟骨的前驅細胞，目前已知骨髓中的間葉系幹細胞可以分化爲骨母細胞或軟骨母細胞，因此，對於再生醫療的期待更高了。

◆期待混合型人工骨實用化

投與骨、軟骨增殖分化因子，或藉著移入自身骨髓間葉系細胞進行細胞治療等，都已經納入考慮中，但要復原爲骨或關節等三次元的形態，目前仍有困難之處。考慮到生物相容性，用吸收性較高的素材製造的多孔質基質植入自身骨髓間葉系細胞，加上增殖分化因子加以

骨或軟骨的移植方法

生物體臟器移植

移植臟器本身

自身移植　同種移植　異種移植　etc.

藉著細胞工學的方法與移植材料、人工臟器混合

培養細胞主體

↑

- 胚性幹細胞的培養，利用分化形成移植用臟器
  皮膚　骨骼　血管　神經　etc.
- 將生物材料當成輔助材料，利用細胞培養製造移植用材料
  培養肝臟　培養軟骨　etc.
- 以人工臟器為基礎，將培養細胞分配在功能面的人工臟器
  人工血管　人工關節　etc.

↓

人工臟器為主體

人工臟器

人工心臟　人工肺　人工腎臟　etc.

培養，這種在**人工基質**上形成骨的混合型人工骨、人工關節，目前還在研究中。

爲了實用化，對於目前已知的**骨生成蛋白**（ＭＢＰ）等增殖分化因子的研究仍在持續發展中，不過還要面對能夠控制自身骨髓間葉系細胞的骨、軟骨等的分化，以及形成的軟骨不會變成纖維軟骨而能夠維持玻璃軟骨的形態，還有抑制軟骨的血管新生等許多課題。

如果可以實現這類的再生醫療，則對於提升嚴重關節病患者的ＱＯＬ有極大的貢獻。

＊人工基質
骨架。培養表皮等這些單層的薄膜容易破裂，不容易處理，因此要利用成為基質的膠原蛋白製造的布使其增殖，藉以得到強韌、容易處理的培養表皮。此外，也可以形成骨骼等形狀，在製作形狀的各種人工基質上進行骨骼生成，就可製作成再生骨。

＊骨生成蛋白
ＭＢＰ等促進骨生成的蛋白。

＊ＱＯＬ
Quality of Life的簡稱。即生活品質。

肝臟的再生

★可以解析複雜的控制構造嗎？

◆何謂「活體肝臟移植」？

肝臟具有解毒、產生血清蛋白、保存能量等作用，是非常重要的臟器，由肝細胞和膽管上皮細胞所構成肝實質細胞，以及**伊東細胞**、**庫帕細胞**、**竇狀隙內皮細胞**所構成的**非實質細胞**所組成的巨大臟器。

肝臟具有強大的再生力，成人肝臟即使切掉將近一半，一個月後就能恢復爲原先的大小及重量。

目前，嚴重肝功能衰竭、猛暴性肝炎、代謝性肝病、原發性膽汁性肝硬化、原發性硬化性膽管炎等患者，都可以進行肝臟移植。肝臟移植分爲死體肝臟移植與活體肝臟移植。肝臟移植，尤其活體肝臟移植，是利用肝臟強大的再生力。進行活體肝臟移植時，由肝捐贈者（健康者）體內切除三分之一到一半的肝臟，一個月後就能自然再生，恢復爲原先的大小及重量。

此外，接受肝臟移植的患者，藉著自己的再生力，可以達到肝臟原本的大小及重量。活體肝臟移植可說是利用肝臟強大再生力的再生

＊伊東細胞
形成肝臟細胞的一種，呈現星形，內部儲藏脂肪。因為肝硬化等而肝臟纖維化時，伊東細胞所儲藏的脂肪會減少、硬化。

＊庫帕細胞
存在於肝臟中的細胞，具有吞食力，可以吞食掉死亡的細胞或異物加以排除，是肝臟的清道夫，也是一種巨噬細胞。

活體肝臟移植是再生醫療嗎？

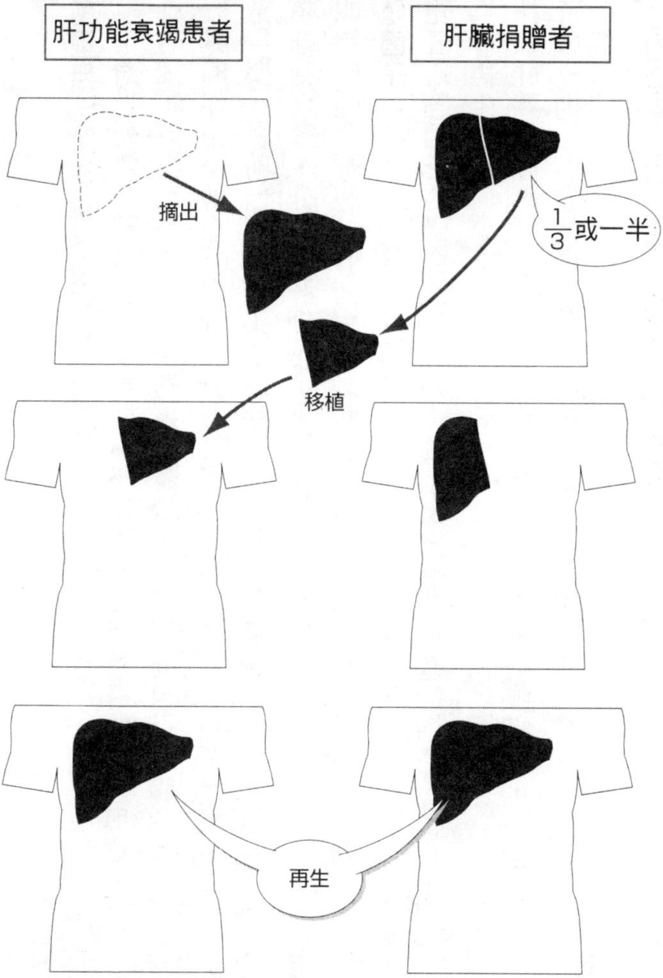

肝臟捐贈者的肝臟大約 1 個月後就能自然再生，恢復為原先的大小。接受移植的患者的肝臟，也會靠著自己的再生力恢復為原先的大小。

醫療。

◆目前還無法解決排斥反應的問題

但不論是死體肝臟移植或活體肝臟移植，肝臟捐贈者的問題與排斥反應的問題並沒有解決。將來的再生醫療，目標指向自己肝臟的再生。肝臟的作用不像血管一樣受到形態影響，酵素作用等肝細胞的功能非常重要。目前已知，如果能讓存在於肝臟和骨髓中的肝幹細胞或肝前驅細胞增殖、分化為肝細胞，就可以恢復肝功能。

能夠使肝幹細胞、肝前驅細胞和肝細胞增殖、分化的，就是**肝細胞增殖因子**（ＨＧＦ）等許多因子，目前仍在研究中。

隨著這些因子的研究進步，則不論是蛋白醫藥或基因治療，都可確立為肝再生醫療。

採取肝幹細胞、肝前驅細胞、肝細胞，然後移植到脾臟中，在該處增殖、分化，形成代理肝臟的細胞治療，目前也在進行中。

◆再生的速度受到原來肝臟極大的影響

再生肝臟只能增殖到宿主原先肝臟的大小及重量。移植或脾內再

＊竇狀隙內皮細胞
從消化管通過門脈回到肝臟的血液，進入肝細胞束之間非連續性的毛細血管竇狀隙中，通過存在竇狀隙壁的竇狀隙內皮細胞，進行肝細胞與養分、酵素的取捨。

＊非實質細胞
在肝臟等臟器掌管肝功能的肝細胞稱為實質臟器，而保持形態、具有與原本的肝功能不同的輔助功能細胞，則稱為「非實質細胞」。

＊肝細胞增殖因子
促進肝細胞增殖、分化的細胞分裂素。

如此就不會有排斥反應！

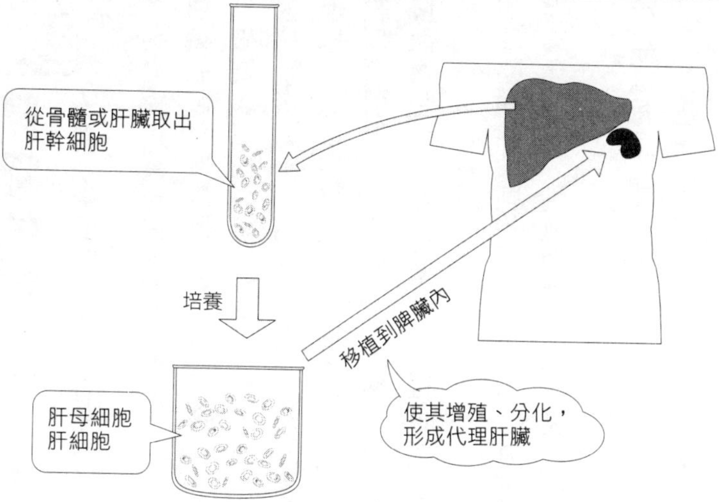

生，再生的速度會受到原先肝臟極大的影響。

切除一部分肝臟後，移植肝臟或促進移入肝幹細胞的增殖、分化，就能加速再生。亦即肝臟再生會受到整個肝臟的大小、重量及功能強烈的影響。

不光是增殖、分化因子的正面作用，也存在著增殖抑制因子、受體等負面控制的因素。解析肝再生複雜控制構造的分子階段，對於確立真正的肝再生醫療是必要的。

此外，如何再架構肝臟發達的血管系，也是肝再生醫療今後的課題。

6

胰臟的再生

★雖然存在著胰臟幹細胞，但是無法特定出來

◆人工胰臟移植還存在著各種問題

胰臟的**胰島**β細胞會分泌**胰島素**。β細胞會因爲自體免疫反應等而遭到破壞，無法分泌胰島素，這時就會引起I型糖尿病。日本的I型糖尿病患者有十五萬人，治療法是必須投與胰島素製劑。

但是，無法嚴格的控制血糖值，長期投與，可能會因爲糖尿病性視網膜症而引起失明或發生糖尿病腎症等併發症。雖然嘗試以移植用**免疫隔離膜**包住的豬的胰島細胞進行人工胰臟移植，卻遇到感染或免疫隔離膜持久性等問題。

如果胰臟幹細胞的研究更進步，β細胞可以再生，則原本除了持續投與胰島素以外別無他法的I型糖尿病，就可以從根本治療。

◆目前無法特定出再生因子

雖然對胰臟，尤其是β細胞再生寄予極大的期望，但遺憾的是，目前無法特定出胰臟特異的再生因子（增殖、分化因子），亦即無法

＊胰島
胰臟組織的一部分，有分泌胰島素的β細胞。

＊胰島素
由胰臟的幹細胞分泌的內分泌激素，會促進血中的醣分解。一旦缺乏就會得糖尿病。

＊免疫隔離膜
讓T細胞等免疫系細胞或抗體等免疫物質無法通過的一種半透膜。

與胰臟的發生、功能有關的轉錄因子

轉錄因子	發現場所及ＫＯ鼠的表現型等
PDX-1	在胰島細胞（尤其是β細胞）、十二指腸上皮細胞發現，控制胰島素基因的轉錄，ＫＯ鼠沒有生成胰臟
Pax-4	在脊髓、胰臟組織等處發現，ＫＯ鼠欠缺胰臟β以及δ細胞，胰臟α細胞增加
Pax-6	胎生時的胰島細胞，在眼睛發現，ＫＯ鼠欠缺胰臟α細胞，胰島細胞數減少
HNF-1α	胰島細胞、外分泌細胞，在肝、腎等處發現，ＫＯ鼠出現Fanconi 症候群症狀，尿糖，MODY3 原因基因
HNF-1β	胰島細胞、外分泌細胞，在肝中發現，MODY5 原因基因
HNF-3β	胰島細胞，在肝、腎等處發現，ＫＯ鼠胎兒死亡，沒有形成脊索
HNF-4α	胰島細胞，在肝、腎等處發現，核內受體，ＫＯ鼠胎兒死亡，MODY1 原因基因
HNF-6	在胰臟前驅細胞中發現，控制 ngn3 的發現，ＫＯ鼠有糖尿病，胰島生成異常
Nkx2.2	在胰臟、腦中發現，ＫＯ鼠胰島生成不全，胰島素（-）
Isl-1	胰島細胞，在運動神經元上發現，ＫＯ鼠胎兒死亡，欠缺胰島，背側胰臟外分泌組織
Beta2	在胰島、腦、腸組織中發現，ＫＯ鼠出現胰島生成障礙
neurogenin3	在胰臟共通前驅細胞中發現，誘導分化為內分泌細胞，ＫＯ鼠出生後立刻因為糖尿病而死亡，沒有生成胰島
P48	在胰臟外分泌系組織中發現，ＫＯ鼠欠缺胰臟外分泌系細胞

單離鑑定出胰臟幹細胞。不過，最近確認了胰臟外分泌腺的腺管上皮細胞的β細胞的分化，以及胰島胰臟細胞的β細胞的增殖，證明了胰臟幹細胞的存在。

此外，從胚性幹細胞ES細胞中發現許多與β細胞增殖、分化有關的因子，經由持續研究，也許在不久的將來就能實現胰臟的再生醫療。

7 心臟的再生

★目前技術很難以人工方式使其再生

◆某些部分可以適用再生醫療

心臟衰竭是因爲心肌細胞收縮、衰竭而造成的，就好像心肌梗塞一樣，是由於部分心肌細胞壞死而引起的，而擴張型心肌症，則是因爲廣泛的心肌細胞收縮力減弱所致。目前，治療擴張型心肌症的唯一方法就是移植心臟，如果部分心肌細胞壞死，則可以採用再生醫療的方式。

心肌細胞在出生後不久結束了最後（終結）分化，細胞失去分裂力。因爲心肌梗塞而壞死的部分無法再利用心肌細胞修復，纖維芽細胞增殖形成**瘢痕領域**，整個心臟出現**再設計**的狀態。瘢痕領域與心臟收縮無關，有時會形成心室瘤，顯著損害心臟功能。

利用動物實驗，在這個壞死領域進行胎兒心肌細胞、骨骼肌細胞、平滑肌細胞等細胞移植，結果發現壞死部分再生，心臟的收縮及其功能都改善了。但是，即使移植成體心肌細胞，也無法附著於體內。而且，要收集許多胎兒的心肌細胞也不是件容易的事，所以，是否能

＊**瘢痕領域** 疤痕，這裡是指心肌梗塞等壞死的心肌部分。

＊**再設計** 血管反覆萎縮與新生，改變其形狀或分枝等。再生成血管以外的臟器時也會使用這種方式。

心肌細胞的製作法

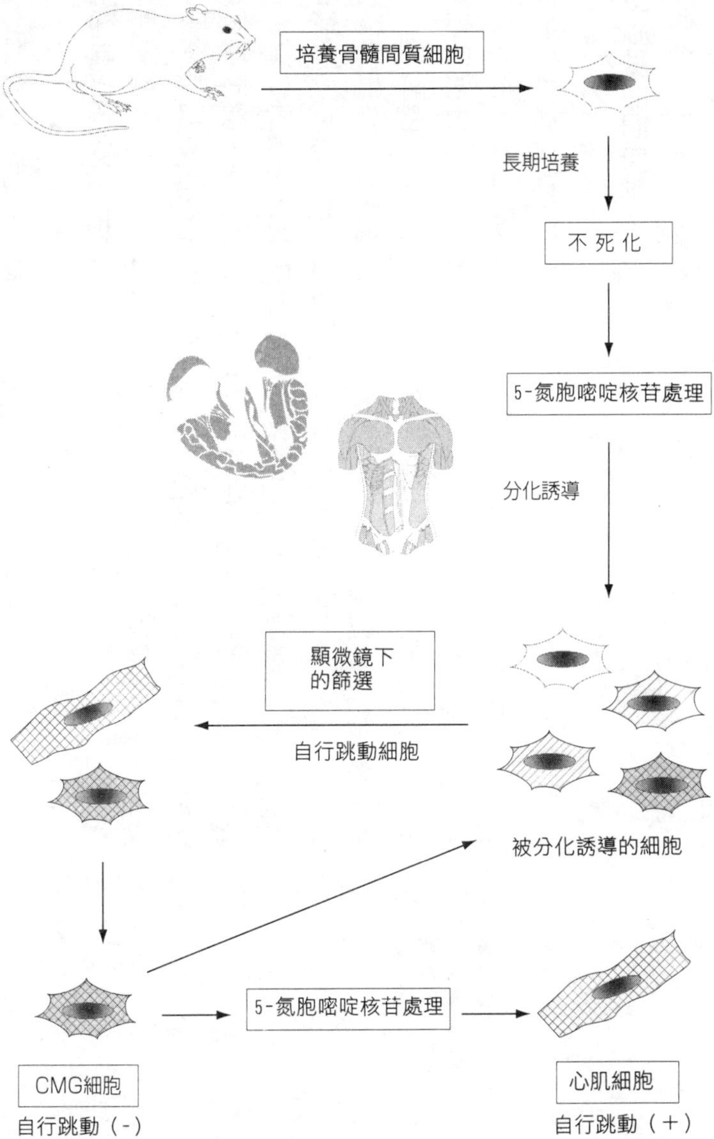

培養骨髓間質細胞
長期培養
不死化
5-氮胞嘧啶核苷處理
分化誘導
顯微鏡下
的篩選
自行跳動細胞
被分化誘導的細胞
5-氮胞嘧啶核苷處理
CMG細胞
自行跳動（-）
心肌細胞
自行跳動（＋）

夠取得心肌細胞，將是這個療法能否實用化的最大瓶頸。

◆心肌細胞也能夠分化嗎？

最近發現，胚性幹細胞（ES細胞）或骨髓中的間葉系細胞在某些條件下經由培養可以分化爲心肌細胞。關於利用ES細胞，目前還存在著倫理問題，不過若是骨髓間葉系細胞，則可以輕易的從患者體內取得。從患者體內取得的骨髓間葉系細胞，在某種條件下於試管內培養增殖、分化後，就可以移植到自身的心肌細胞中。

已經發現許多心肌細胞分化誘導因子，但遺憾的是，經過多方努力研究，目前還是沒有發現骨骼肌的分化誘導因子（轉錄因子）、myoD等的強力心肌細胞誘導因子（轉錄因子）。今後若是能發現心肌有特異的myoD等因子，相信更能夠有效的得到心肌細胞，也可以進行蛋白醫藥或基因治療。

＊myoD　強力促進骨骼肌分化誘導的蛋白性誘導物質。

◆人工心臟的問題點

擴張型心肌症的心臟移植的替代方法，就是體外型和埋入式的人工心臟，目前這方面的研究相當盛行，但是也遇到了持久性等問題，

心肌細胞的基因發現時期

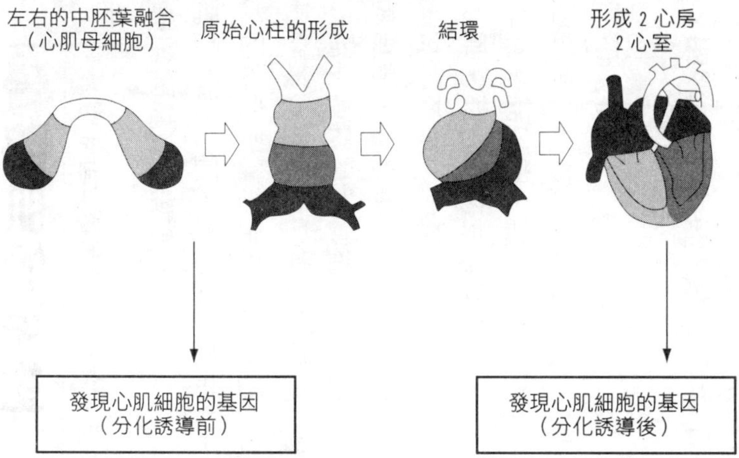

只能夠當成移植臟器之前的緊急處置。人工心臟與心肌細胞組合的混合型（三次元模組）人工心臟，目前也在研究中，還要花一段時間才能夠實用化。

雖然有讓心臟本身再生、將再生心臟進行自身移植的構想，但是，與臟器的形態完全無關，而且細胞功能與臟器功能，亦即血液系細胞、肝臟等不同，像心臟，左右的心室、心房、半膜、主動脈、靜脈等的形態很重要，也難以人工方式再生，因此，恐怕還要花很長的時間進行研究。

骨骼肌的再生

★隨著骨骼肌再生醫療的進步，禁藥檢查也會改變嗎？

◆肌衛星細胞與儲備細胞

骼肌和心肌不同，具有強大的再生力。這是因爲骨骼肌組織中存在著豐富的骨骼肌幹細胞以及前驅細胞**肌衛星細胞**這種儲備細胞。肌肉組織受損時，肌衛星細胞就會總動員變成肌母細胞，肌母細胞融合後變成多核的肌管細胞，再生肌纖維。出生後，存在著三十％的**肌衛星細胞**，隨著成長而逐漸減少，長大成人後，減少到只剩下四％。隨著年齡增長，肌肉再生力減退，這和肌衛星細胞減少有關。

年輕時，肌肉拉傷很快就會痊癒，但是上了年紀之後，要經過很長一段時間才能痊癒。運動選手年紀大了之後容易受傷，久久不癒，最後必須退休，這種例子時有所聞，這正是由於年紀增大，肌衛星細胞減少所造成的。

◆發現、研究相當進步的增殖分化因子

目前，利用肌衛星細胞對於**肌肉無力症患者**進行細胞治療的研究

＊**肌衛星細胞**
存在於骨骼肌中的骨骼肌幹細胞

＊**肌肉無力症患者**
肌肉中欠缺 dy-strophin 蛋白而引起的遺傳性疾病。大多從學生時代開始發病，持續惡化會出現步行障礙、肌肉萎縮等現象。

骨骼肌的再生

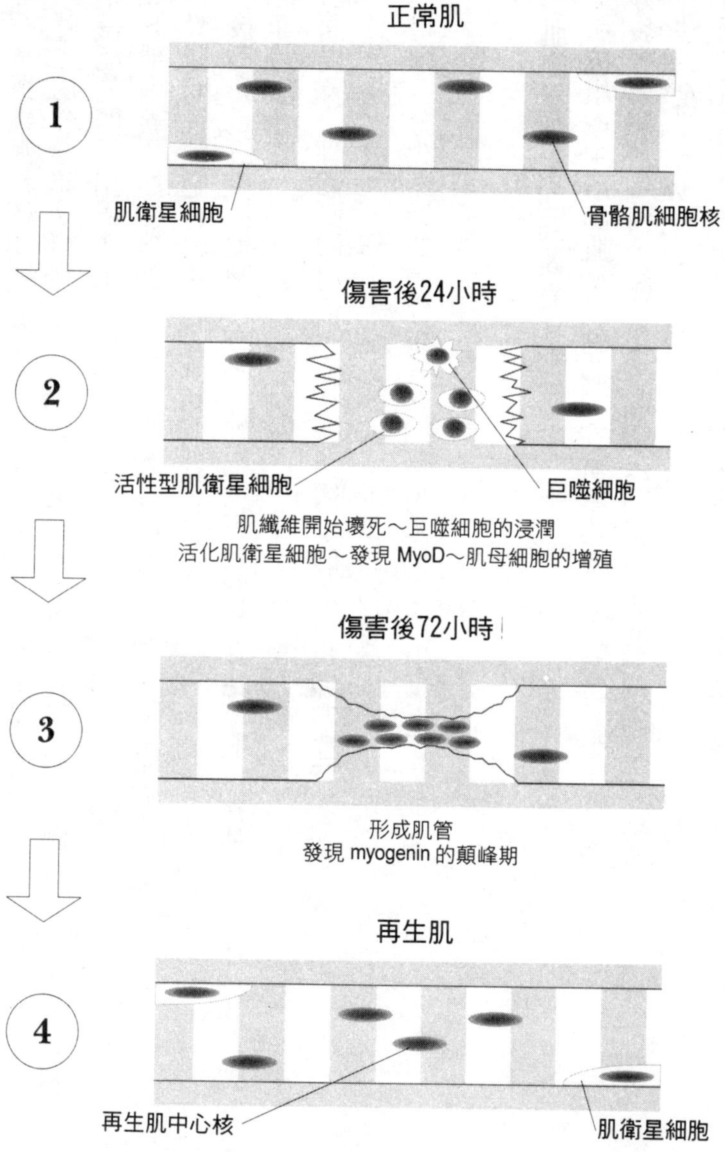
正常肌
1
肌衛星細胞
骨骼肌細胞核
傷害後24小時
2
活性型肌衛星細胞
巨噬細胞
肌纖維開始壞死～巨噬細胞的浸潤
活化肌衛星細胞～發現 MyoD～肌母細胞的增殖
傷害後72小時
3
形成肌管
發現 myogenin 的顛峰期
再生肌
4
再生肌中心核
肌衛星細胞

非常盛行。雖然無法確認臨床效果，但是，動物實驗已經確立治療效果，同時也已經確認移植到人體內的肌衛星細胞可以附著於人體，因此，期待能夠開發出臨床上有效的移植法。

ＥＳ細胞等胚性幹細胞，可以分化誘導出肌母細胞、肌管細胞，此外，骨髓間葉細胞中也存在著骨骼肌幹細胞。

今後不光是肌衛星細胞，這些幹細胞也可以應用在治療肌肉疾病的肌肉再生醫療上。

前面提及，骨骼肌的增殖、分化誘導因子的研究也非常盛行，並且發現具有強大增殖、分化誘導力的ｍｙｏＤ族的轉錄因子。而肌衛星細胞增殖、分化相關的鹼性纖維芽細胞增殖因子（ｂＦＧＦ）等各種因子，也正在持續研究之中。

◆取出肌衛星細胞的問題點

從肌肉組織中取出肌衛星細胞，在試管內無法保持靜止狀態，會立刻分裂、增殖。目前，關於保持肌衛星細胞靜止狀態的構造（因子）還無法完全了解。

幹細胞或肌衛星細胞的開關到底與何種因子有關？到底是如何維

治療肌肉無力症的構造

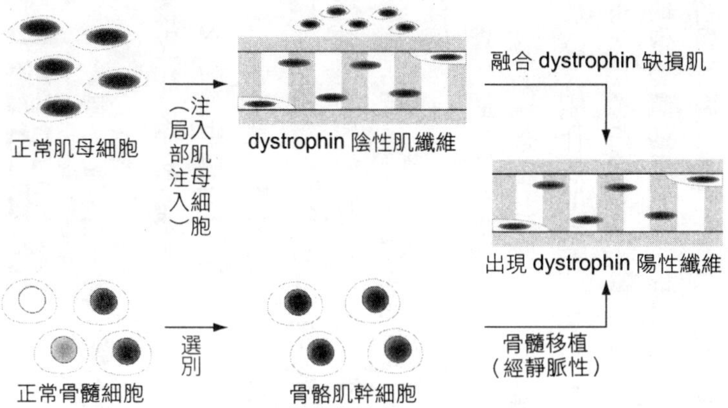

持靜止狀態或控制增殖、分化？如果能找到這些答案，就可以使細胞治療實用化，投與各種因子，進行骨骼肌再生醫療，同時也可以進行基因治療。

一旦這些研究進步，那麼，因爲受傷而造成的肌肉損傷，也可以藉著再生醫療迅速治癒，不需要依賴**肌肉增強劑**，就能夠建造壯碩的肌肉，同時，也能延長運動選手的運動生涯，到時**禁藥檢查**將會有很大的突破。

＊肌肉增強劑 anabolic steroid

（強力劑，是一種激素，也稱為同化類固醇）。投與男性激素雄甾酮以及藉著訓練就可以使肌肉發達、壯碩。運動選手使用後經常引起問題，是禁藥檢查對象。

＊禁藥檢查

參加奧運等大型運動比賽時，檢查選手的尿液，就可檢測出是否使用禁藥。禁藥包括肌肉增強劑、興奮劑、利尿劑等，禁藥種類逐年增加。

腦的再生

★原本認為不能再生的腦也出現好消息！

腦或脊髓等中樞神經系，在出生後不久就完成了最後的分化，成人一旦因爲腦梗塞、腦溢血、**阿茲海默症**等疾病或意外事故而造成損傷時，腦無法再生，這是不久前大家所認定的事實。

中樞神經的損傷有時會致命，就算不會致死，患者也可能會爲嚴重的後遺症所苦。唯一的治療法是，藉著復健以補償架構損傷部位周邊的神經網路。

◆帕金森氏症是如何發生的？

帕金森氏症是腦的黑質部分產生**多巴胺**物質的神經元脫落而引起的疾病。爲了補充多巴胺，可投與**前藥L-多巴**等，但是，會有藥量不斷增加以及副作用的問題，治療效果無法令人滿意。

最近，治療帕金森氏症的方法，則是將墮胎胎兒腦的多巴胺神經元前驅細胞移植到患者腦中進行細胞治療，除了倫理的問題之外，要治療一名患者需要十名左右的胎兒腦，所以，要成爲實用的治療法尚存在著很大的瓶頸。

***阿茲海默症**
腦出現老人斑，而且出現萎縮的癡呆症。

***多巴胺**
存在於腦內的中樞神經傳導物質之一，缺乏時會引起帕金森氏症。

***前藥**
本身沒有藥效，但在生物體內會因為酵素等的功能而變化，出現藥效的化合物。

利用腦內細胞移植進行治療

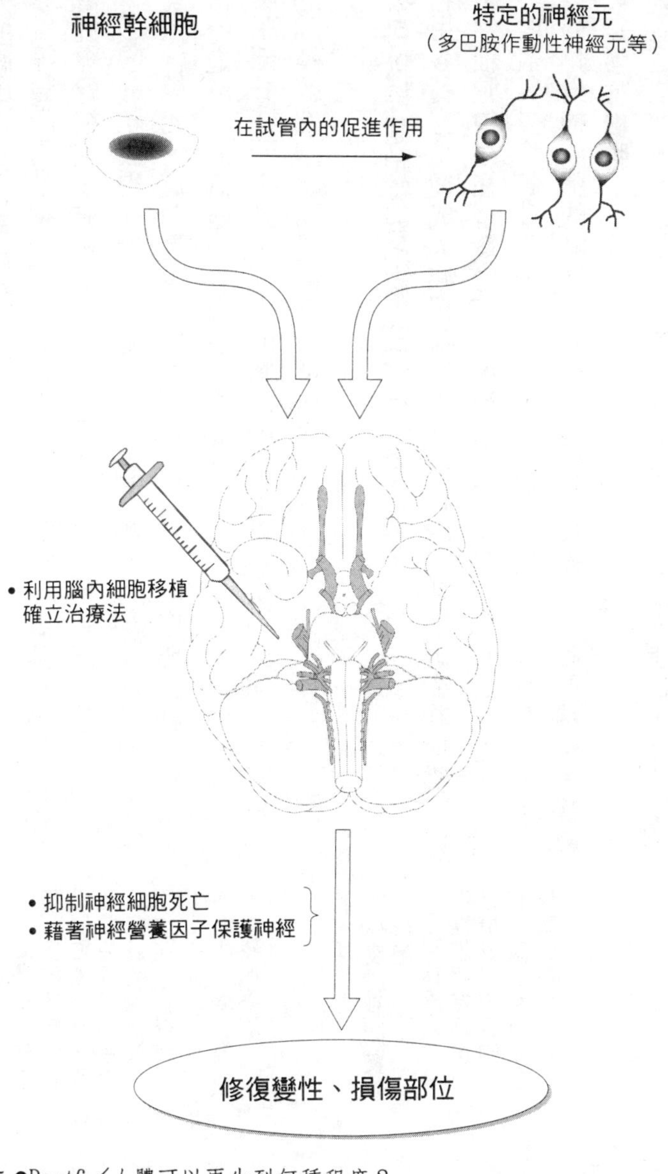

◆成人的腦中也存在著神經幹細胞

老鼠等囓齒類動物，即使是成體，但其海馬、嗅球、嗅上皮仍然存在著神經幹細胞、神經前驅細胞，經常出現神經新生。

二〇〇〇年發現，成人的腦中也存在著神經幹細胞，在特定的部位會新生神經元。這個發現為原本認為不能再生的中樞神經系拓展了再生醫療之路，的確是令人震撼的消息。

除了部分特例之外，成人的腦之所以不會新生神經元，並不是因為缺乏神經幹細胞，而是缺乏誘導因子所致。

*L-多巴

是多巴胺的前藥。多巴胺無法通過腦血液關卡，因此即使投與帕金森氏症患者也無效。不過，如果投與L-多巴，就能進入腦內，變化為多巴胺發揮藥效。

◆將來可以控制神經幹細胞的增殖、分化嗎？

利用各種方法從成人腦單離出神經幹細胞，詳細研究其性質。如果神經幹細胞中存在著纖維芽細胞增殖因子－2（FGF－2），就能使其增殖，去除FGF－2之後，加任何一種鹼性bHLH因子，就可以分化為構成腦的神經元或**少突神經膠質細胞**、**星形神經膠質細胞**等**神經膠質細胞**。

隨著這些增殖、分化因子的研究進步，藉著投與蛋白製劑或基因治療，就可以控制自身神經幹細胞的增殖及分化，相信不久之後，就

*少突神經膠質細胞

和神經元、星形神經膠質細胞一起構成腦的細胞。和軸策的絕緣物質髓鞘的產生有關。

神經幹細胞的培養與分化誘導

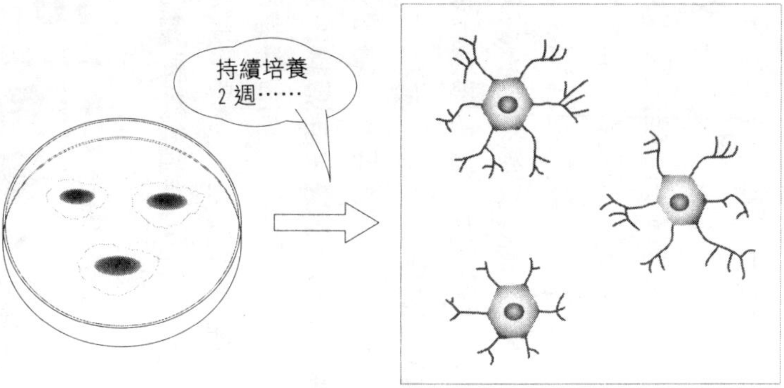

幹細胞伸出突起，分化為神經膠質細胞或神經

能有效治療各種腦神經系的疾病。

但是，腦並非單純的功能細胞集合體，而是高次分化細胞複雜、緊密建立網路，才能發揮高度腦功能的器官。

要確立能夠恢復腦功能的再生醫療，可能還需要進行長時間的研究。

＊星形神經膠質細胞
和神經元、少突神經膠質細胞一起構成腦的細胞。是神經膠質細胞，具吞噬力，同時也負責預防感染、去除老廢物等任務。

＊神經膠質細胞
和神經元（神經細胞）一起形成腦的細胞。負責供應神經元營養以及排出老廢物。

角膜、視網膜的再生

★日本在這領域居於世界領先的地位

◆視網膜神經細胞無法再生嗎?

在發生學上，視網膜的起源和中樞神經系相同。受傷的視網膜神經細胞無法再生，所以，一旦因視網膜疾病而失去視力就無法恢復。**視網膜色素變性**、**增齡黃斑變性**、視網膜剝離等視網膜疾病，主要是因爲視網膜的視細胞出現毛病，可能會失明，是非常可怕的疾病。目前，除了視網膜剝離的**外科復位術**之外，幾乎都無有效的治療法。

光會透過角膜、晶狀體、玻璃體到達視網膜，視網膜最外層的視細胞接收光，轉換爲電氣信號。來自視細胞的神經傳導物質，藉著雙極細胞傳遞到視網膜內層的神經節細胞，通過視神經傳遞到腦。視網膜色素變性、增齡黃斑變性、視網膜剝離等許多視網膜疾病，就是最初接收光的視細胞出了毛病，因此，如果視細胞能夠再生，就可以恢復視力。

以美國爲主，對於末期色素變性症患者嘗試移植胎兒視網膜，但是，目前還無法確認其有效性。

***視網膜色素變性**

視網膜上的色素上皮細胞所產生的眼睛疾病，包括視野的缺損、暗光順應的延遲、夜盲症等症狀，最後會引起失明。分為遺傳性和突發性。

***增齡黃斑變性**

視網膜中央部的黃斑因為增齡變性所引起的眼睛疾病。視力會驟然減退或中心視力欠缺等。

***外科的復位術**

以外科方法使剝落的視網膜回到原先位置並加以固定。

視網膜的層構造

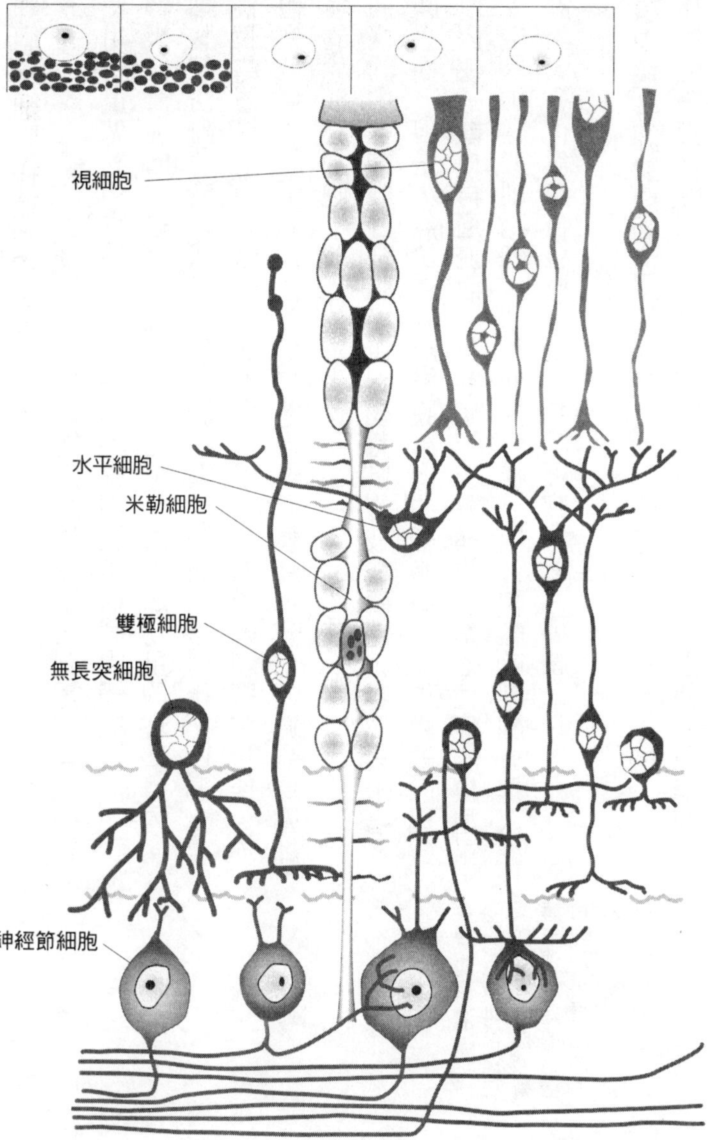

視細胞
水平細胞
米勒細胞
雙極細胞
無長突細胞
神經節細胞

◆將神經幹細胞移植到視網膜……

最近，成人體內也發現了中樞神經系的幹細胞，確認神經元的新生。使用老鼠做動物實驗，嘗試將神經幹細胞移植到視網膜。

將來自海馬的神經幹細胞移植到出生一週內的幼鼠的玻璃體內，移植細胞無法附著於晶狀體而附著於視網膜表面，移植後第四週，侵入視網膜的層構造中，確認各層都取得了適合的視網膜細胞形態。亦即移植到玻璃體的中樞神經幹細胞進入視網膜層，分化成適合周圍細微環境的視網膜細胞，並且持續生長。

同樣的中樞神經幹細胞移植到成體鼠的玻璃體內，雖然會附著於視網膜表面，但是，無法侵入視網膜層內的細胞中。如果視網膜因為物理原因或是**缺血再灌流**而出了毛病，或視網膜色素變性症的模型鼠移植了中樞神經幹細胞時，則和幼鼠一樣，中樞神經幹細胞會進入視網膜層內，分化為適合各層的視細胞等細胞，並且持續生長。

＊缺血再灌流　因為血管狹窄或血栓等，血液暫時無法流通的組織由血液再度流回。

◆移植中樞神經幹細胞可以有效的補充視細胞

移植中樞神經幹細胞，可以有效的補充視細胞，因此，視網膜疾病的再生醫療的治療，的確存在其可能性。形態上，視網膜細胞再生

視網膜幹細胞的分化

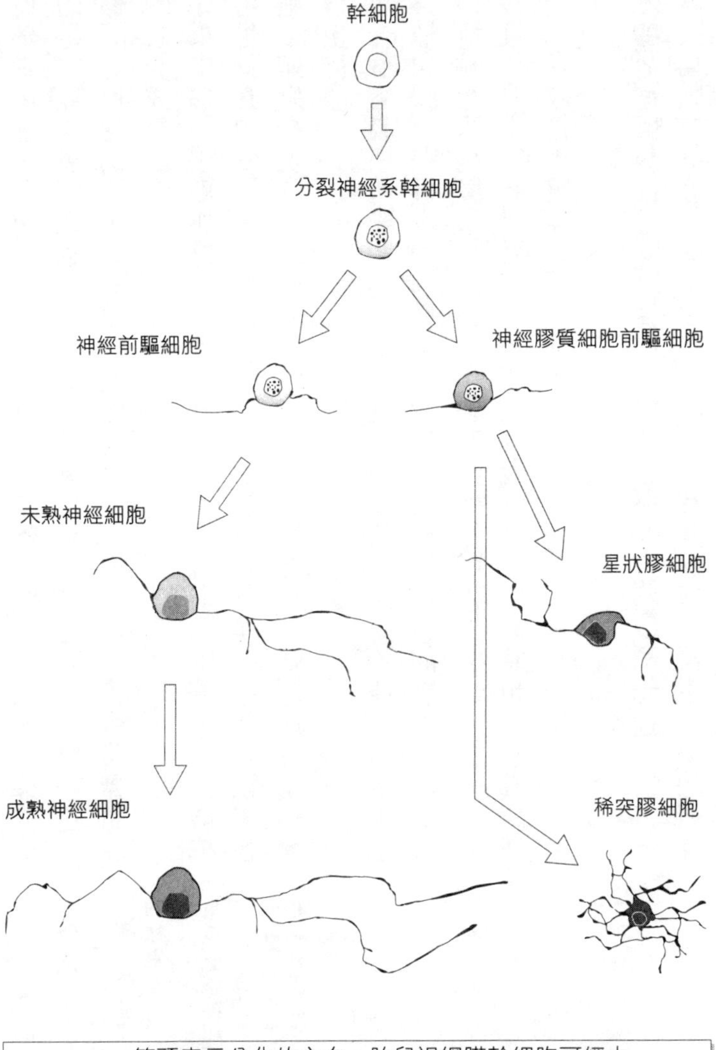

箭頭表示分化的方向。胎兒視網膜幹細胞可經由細胞分裂而自行複製，顯示出可以分化為星狀膠細胞或稀突膠細胞的多分化力。

了，但是，再生、分化的細胞是否具有原來的功能，目前不得而知。遺憾的是，經由**免疫學的檢查**，並沒有發現再生細胞有視網膜細胞的特殊標記。也就是說，視網膜功能能否再生，只能夠等待今後**電氣生理學**的研究成果出現。

如果中樞神經細胞無法再生出具有功能的視網膜細胞，也許視網膜的再生就必須使用視網膜幹細胞了。幼鼠的視網膜中存在著視網膜幹細胞，如果發現成人的視網膜中有視網膜幹細胞，就可以實現視網膜的再生醫療。

另一個容易引起失明的危險性就是角膜的疾病。治療角膜的方法就是移植角膜。在日本，因爲角膜疾病必須移植角膜的患者大約二萬人，而能夠接受角膜移植的人一年只有一五〇〇人。

最近，日本的研究者確認角膜上皮有幹細胞，同時也了解其培養法，開創角膜再生醫療的可能性。

◆日本關於角膜幹細胞的移植、再生醫療的研究最為先進

關於角膜幹細胞與視網膜幹細胞，以及其移植、再生醫療的研究等，日本可說是居於世界領先的地位。從二〇〇二年開始，文部科學

＊免疫學檢查
使用抗體抗原反應等免疫學方法的檢查。

＊電氣生理學
細胞的活動狀態等變成電位差等電氣信號來加以測定的學問。

眼睛的構造

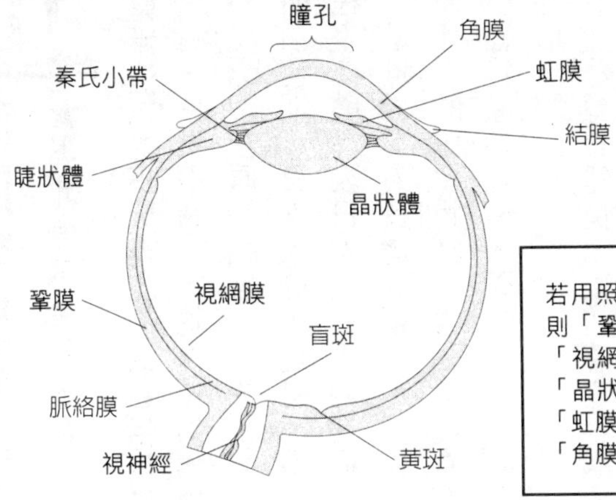

若用照相機來比喻，
則「鞏膜」是機身，
「視網膜」是底片，
「晶狀體」是透鏡，
「虹膜」是光圈，
「角膜」是濾光器

省擬定恢復失明者視力的研究計畫方針，計畫十年後讓視網膜、角膜再生的最尖端醫療技術實用化。

如此一來，日本國內三十萬名失明者或重度視障者就可以減半。這個計畫由政府贊助，請大學或公立研究機構進行研究，耗時十年，花費數十億日圓，經由文部科學部長大臣的諮詢機構科學技術、學術審議會、政府的綜合科學技術會議審議決定，從二〇〇二年開始，進行關於量產幹細胞的技術以及避免出現免疫排斥反應等改善技術的研究。

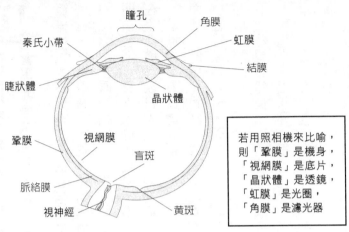

11 可以實現長生不老嗎？

★與其考慮生死的問題，不如探討什麼才是幸福！

◆就算無法「長生不老」，但是可以得到「不老長壽」嗎？

說到「長生不老」，就會想到**楊貴妃**的故事，這是自古以來人類共通的夢想。在原始社會，人類平均壽命只有三十歲。而在一五〇年前的明治初期，日本人的平均壽命為五十歲，可說「人生五十年」。

在不久前發表日本人的平均壽命，女性八四．六歲，男性七七．四歲，是世界上最長壽的國家。由於抗生素等的發現，嬰幼兒因為感染症而死亡的比率銳減，再加上糧食情況改善、醫學進步，使得人類壽命已經為原始社會人類的三倍，在不到一五〇年內，壽命也延長了一．五倍。

不光是壽命延長，以前感覺年過六十就是老人，但是，現在六十歲的人看起來還很年輕、很有元氣，不像老人。連老化也延遲了，這是無庸置疑的事實。就算人類無法「長生不老」，不過也已經到了「不老長壽」的地步。

人類最長壽大約是一二〇～一二五歲，也許到那時候，又會希望

＊**楊貴妃**　八世紀唐玄宗的妃子，世界三大美女之一。豐腴的美麗備受玄宗的寵愛，一門都得到高職，但是在安祿山之亂時於逃亡途中被殺。

日本的平均壽命是世界第一嗎？

	男	女
明治 24～31 年（1891～1898 年）	42.80	44.30
昭和 22 年（1947 年）	50.06	53.96
昭和 30 年（1955 年）	63.60	67.75
昭和 50 年（1975 年）	71.73	76.89
平成 12 年（2000 年）	77.64	84.62

與明治時代相比，平均壽命
延長將近 **40** 年！

《原因》

因為抗生素等的發現，
嬰幼兒的死亡率銳減！

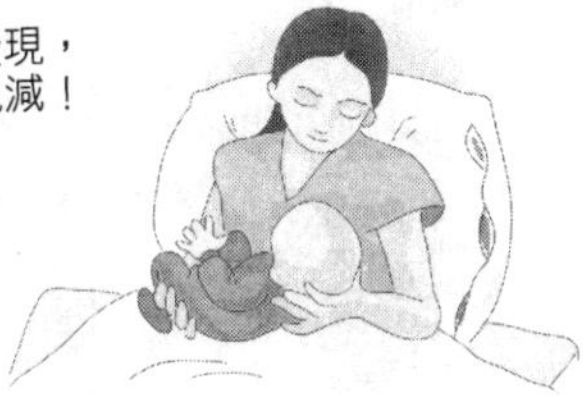

與戰前相比，糧食情
況大幅度改善。

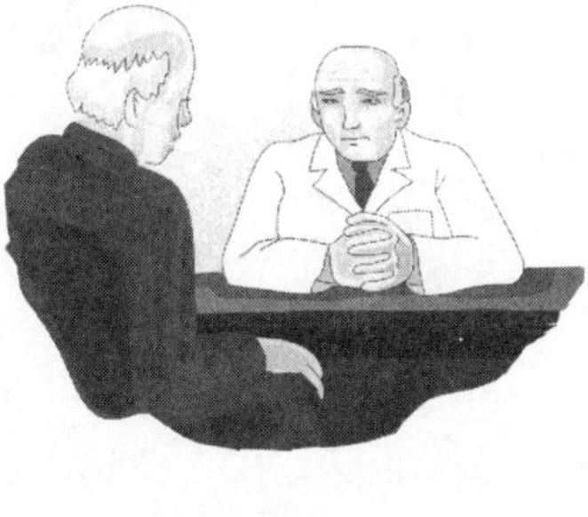

隨著醫學進步，以前被視為
不治之症的疾病現在都已經
有其治療方法。

更加長壽吧！

◆「長生不死」真的幸福嗎？

最近經常有人問：「隨著基因組解讀或再生醫療的進步，就能實現長生不死的夢想嗎？」對個人而言，所謂的「長生不死」到底是什麼？不要以生物的觀點來看，未來不可能永遠不變。

就像夜空的星星也有其壽命界限一樣，就算宇宙可以存在幾十億年、幾百億年，甚至更久，但是也有其壽命界限。

生物誕生、生長、老化，最後迎向死亡，無法完全得到「長生不死」，一旦這個過程變動太大，那就不能算是生物了。生物不應該要求個體的「長生不死」，而應該透過DNA設計圖實現種族的保存性和連續性。

在這現代科學可以改變人類及生物一生的程式，但是，可以改寫到何種程度，人類必須自己去思考、決定。目的並非要實現「不老長壽」、「長生不死」，而是要追求真正的幸福，這是生活在二十一世紀的人類應該面對的課題。

即使個人死亡，但基因卻能夠傳承下去

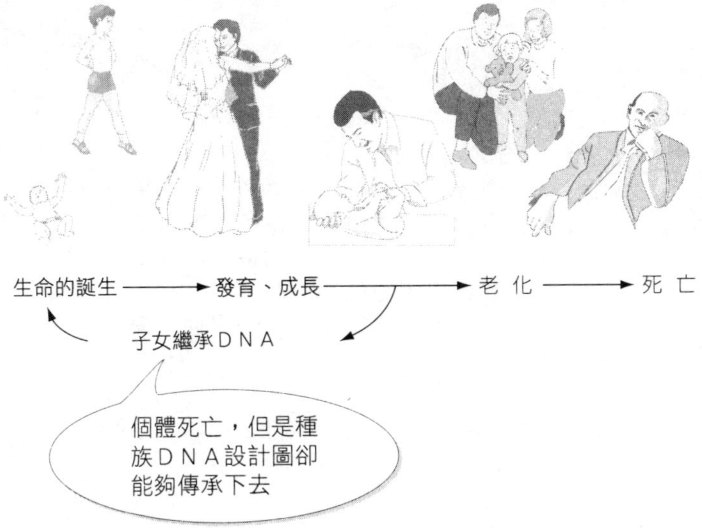

改變生態系的程式，就等於否定我們自己是生物。

【作者介紹】

才園　哲人

◎1946 年出生於日本東京。畢業於東京大學，後來在上市生物系企業進行研究，從事研究開發，統籌業務。曾任研究總部部長，目前從事研究顧問事業，進行科學隨筆等執筆活動。為農學博士，是日本農藝化學會、日本免疫學會、日本癌症學會會員。本名好田肇。

◎主要著書包括『抗人類腫瘤單株抗體的有效製作法』、『我們是貓』、『想要知道後基因組時代』、『2010 年技術預測』等。

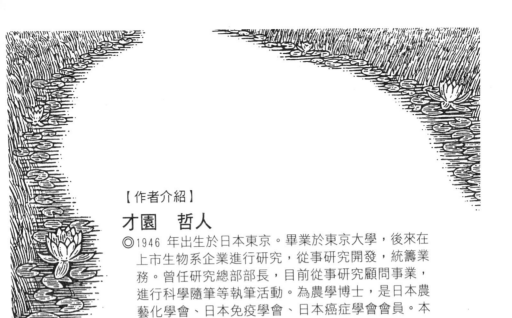

展出版社有限公司
品冠文化出版社

圖書目錄

地址：台北市北投區(石牌)
致遠一路二段 12 巷 1 號
郵撥：01669551＜大展＞
19346241＜品冠＞
電話：(02) 28236031
28236033
28233123
傳真：(02) 28272069

・少年偵探・品冠編號 66

1.	怪盜二十面相	（精）	江戶川亂步著	特價 189 元
2.	少年偵探團	（精）	江戶川亂步著	特價 189 元
3.	妖怪博士	（精）	江戶川亂步著	特價 189 元
4.	大金塊	（精）	江戶川亂步著	特價 230 元
5.	青銅魔人	（精）	江戶川亂步著	特價 230 元
6.	地底魔術王	（精）	江戶川亂步著	特價 230 元
7.	透明怪人	（精）	江戶川亂步著	特價 230 元
8.	怪人四十面相	（精）	江戶川亂步著	特價 230 元
9.	宇宙怪人	（精）	江戶川亂步著	特價 230 元
10.	恐怖的鐵塔王國	（精）	江戶川亂步著	特價 230 元
11.	灰色巨人	（精）	江戶川亂步著	特價 230 元
12.	海底魔術師	（精）	江戶川亂步著	特價 230 元
13.	黃金豹	（精）	江戶川亂步著	特價 230 元
14.	魔法博士	（精）	江戶川亂步著	特價 230 元
15.	馬戲怪人	（精）	江戶川亂步著	特價 230 元
16.	魔人銅鑼	（精）	江戶川亂步著	特價 230 元
17.	魔法人偶	（精）	江戶川亂步著	特價 230 元
18.	奇面城的秘密	（精）	江戶川亂步著	特價 230 元
19.	夜光人	（精）	江戶川亂步著	特價 230 元
20.	塔上的魔術師	（精）	江戶川亂步著	特價 230 元
21.	鐵人Q	（精）	江戶川亂步著	特價 230 元
22.	假面恐怖王	（精）	江戶川亂步著	特價 230 元
23.	電人M	（精）	江戶川亂步著	特價 230 元
24.	二十面相的詛咒	（精）	江戶川亂步著	特價 230 元
25.	飛天二十面相	（精）	江戶川亂步著	特價 230 元
26.	黃金怪獸	（精）	江戶川亂步著	特價 230 元

・生活廣場・品冠編號 61

1.	366 天誕生星	李芳黛譯	280 元
2.	366 天誕生花與誕生石	李芳黛譯	280 元
3.	科學命相	淺野八郎著	220 元
4.	已知的他界科學	陳蒼杰譯	220 元

5.	開拓未來的他界科學	陳蒼杰譯	220 元
6.	世紀末變態心理犯罪檔案	沈永嘉譯	240 元
7.	366 天開運年鑑	林廷宇編著	230 元
8.	色彩學與你	野村順一著	230 元
9.	科學手相	淺野八郎著	230 元
10.	你也能成為戀愛高手	柯富陽編著	220 元
11.	血型與十二星座	許淑瑛編著	230 元
12.	動物測驗—人性現形	淺野八郎著	200 元
13.	愛情、幸福完全自測	淺野八郎著	200 元
14.	輕鬆攻佔女性	趙奕世編著	230 元
15.	解讀命運密碼	郭宗德著	200 元
16.	由客家了解亞洲	高木桂藏著	220 元

・女醫師系列・品冠編號 62

1.	子宮內膜症	國府田清子著	200 元
2.	子宮肌瘤	黑島淳子著	200 元
3.	上班女性的壓力症候群	池下育子著	200 元
4.	漏尿、尿失禁	中田真木著	200 元
5.	高齡生產	大鷹美子著	200 元
6.	子宮癌	上坊敏子著	200 元
7.	避孕	早乙女智子著	200 元
8.	不孕症	中村春根著	200 元
9.	生理痛與生理不順	堀口雅子著	200 元
10.	更年期	野末悅子著	200 元

・傳統民俗療法・品冠編號 63

1.	神奇刀療法	潘文雄著	200 元
2.	神奇拍打療法	安在峰著	200 元
3.	神奇拔罐療法	安在峰著	200 元
4.	神奇艾灸療法	安在峰著	200 元
5.	神奇貼敷療法	安在峰著	200 元
6.	神奇薰洗療法	安在峰著	200 元
7.	神奇耳穴療法	安在峰著	200 元
8.	神奇指針療法	安在峰著	200 元
9.	神奇藥酒療法	安在峰著	200 元
10.	神奇藥茶療法	安在峰著	200 元
11.	神奇推拿療法	張貴荷著	200 元
12.	神奇止痛療法	漆 浩 著	200 元

・常見病藥膳調養叢書・品冠編號 631

1.	脂肪肝四季飲食	蕭守貴著	200 元

2.	高血壓四季飲食	秦玖剛著	200 元
3.	慢性腎炎四季飲食	魏從強著	200 元
4.	高脂血症四季飲食	薛輝著	200 元
5.	慢性胃炎四季飲食	馬秉祥著	200 元
6.	糖尿病四季飲食	王耀獻著	200 元
7.	癌症四季飲食	李忠著	200 元
8.	痛風四季飲食	魯焰主編	200 元
9.	肝炎四季飲食	王虹等著	200 元
10.	肥胖症四季飲食	李偉等著	200 元
11.	膽囊炎、膽石症四季飲食	謝春娥著	200 元

・彩色圖解保健・品冠編號 64

1.	瘦身	主婦之友社	300 元
2.	腰痛	主婦之友社	300 元
3.	肩膀痠痛	主婦之友社	300 元
4.	腰、膝、腳的疼痛	主婦之友社	300 元
5.	壓力、精神疲勞	主婦之友社	300 元
6.	眼睛疲勞、視力減退	主婦之友社	300 元

・心 想 事 成・品冠編號 65

1.	魔法愛情點心	結城莫拉著	120 元
2.	可愛手工飾品	結城莫拉著	120 元
3.	可愛打扮 & 髮型	結城莫拉著	120 元
4.	撲克牌算命	結城莫拉著	120 元

・熱 門 新 知・品冠編號 67

1.	圖解基因與 DNA	（精）	中原英臣主編	230 元
2.	圖解人體的神奇	（精）	米山公啟主編	230 元
3.	圖解腦與心的構造	（精）	永田和哉主編	230 元
4.	圖解科學的神奇	（精）	鳥海光弘主編	230 元
5.	圖解數學的神奇	（精）	柳 谷 晃著	250 元
6.	圖解基因操作	（精）	海老原充主編	230 元
7.	圖解後基因組	（精）	才園哲人著	230 元

・武 術 特 輯・大展編號 10

1.	陳式太極拳入門	馮志強編著	180 元
2.	武式太極拳	郝少如編著	200 元
3.	中國跆拳道實戰 100 例	岳維傳著	220 元
4.	教門長拳	蕭京凌編著	150 元
5.	跆拳道	蕭京凌編譯	180 元

6.	正傳合氣道	程曉鈴譯	200 元
8.	格鬥空手道	鄭旭旭編著	200 元
9.	實用跆拳道	陳國榮編著	200 元
10.	武術初學指南	李文英、解守德編著	250 元
11.	泰國拳	陳國榮著	180 元
12.	中國式摔跤	黃　斌編著	180 元
13.	太極劍入門	李德印編著	180 元
14.	太極拳運動	運動司編	250 元
15.	太極拳譜	清・王宗岳等著	280 元
16.	散手初學	冷　峰編著	200 元
17.	南拳	朱瑞琪編著	180 元
18.	吳式太極劍	王培生著	200 元
19.	太極拳健身與技擊	王培生著	250 元
20.	秘傳武當八卦掌	狄兆龍著	250 元
21.	太極拳論譚	沈　壽著	250 元
22.	陳式太極拳技擊法	馬　虹著	250 元
23.	二十四式／三十二式太極拳／劍	闞桂香著	180 元
24.	楊式秘傳 129 式太極長拳	張楚全著	280 元
25.	楊式太極拳架詳解	林炳堯著	280 元
26.	華佗五禽劍	劉時榮著	180 元
27.	太極拳基礎講座：基本功與簡化 24 式	李德印著	250 元
28.	武式太極拳精華	薛乃印著	200 元
29.	陳式太極拳拳理闡微	馬　虹著	350 元
30.	陳式太極拳體用全書	馬　虹著	400 元
31.	張三豐太極拳	陳占奎著	200 元
32.	中國太極推手	張　山主編	300 元
33.	48 式太極拳入門	門惠豐編著	220 元
34.	太極拳奇人奇功	嚴翰秀編著	250 元
35.	心意門秘籍	李新民編著	220 元
36.	三才門乾坤戊己功	王培生編著	220 元
37.	武式太極劍精華＋VCD	薛乃印編著	350 元
38.	楊式太極拳	傅鐘文演述	200 元
39.	陳式太極拳、劍 36 式	闞桂香編著	250 元
40.	正宗武式太極拳	薛乃印著	220 元
41.	杜元化＜太極拳正宗＞考析	王海洲等著	300 元
42.	＜珍貴版＞陳式太極拳	沈家楨著	280 元
43.	24 式太極拳＋VCD	中國國家體育總局著	350 元
44.	太極推手絕技	安在峰編著	250 元
45.	孫祿堂武學錄	孫祿堂著	300 元
46.	＜珍貴本＞陳式太極拳精選	馮志強著	280 元
47.	武當趙堡太極拳小架	鄭悟清傳授	250 元
48.	太極拳習練知識問答	邱丕相主編	220 元
49.	八法拳　八法槍	武世俊著	220 元
50.	地趟拳＋VCD	張憲政著	350 元

51. 四十八式太極拳＋VCD 楊 靜演示 400 元
52. 三十二式太極劍＋VCD 楊 靜演示 300 元
53. 隨曲就伸 中國太極拳名家對話錄 余功保著 300 元
54. 陳式太極拳五功八法十三勢 闞桂香著 200 元
55. 六合螳螂拳 劉敬儒等著 280 元
56. 古本新探華佗五禽戲 劉時榮編著 180 元
57. 陳式太極拳養生功＋VCD 陳正雷著 350 元
58. 中國循經太極拳二十四式教程 李兆生著 300 元
59. <珍貴本>太極拳研究 唐豪・顧留馨著 250 元
60. 武當三豐太極拳 劉嗣傳著 300 元
61. 楊式太極拳體用圖解 崔仲三編著 350 元
62. 太極十三刀 張耀忠編著 230 元
63. 和式太極拳譜＋VCD 和有祿編著 450 元

・彩色圖解太極武術・大展編號 102

1. 太極功夫扇 李德印編著 220 元
2. 武當太極劍 李德印編著 220 元
3. 楊式太極劍 李德印編著 220 元
4. 楊式太極刀 王志遠著 220 元
5. 二十四式太極拳（楊式）＋VCD 李德印編著 350 元
6. 三十二式太極劍（楊式）＋VCD 李德印編著 350 元
7. 四十二式太極劍＋VCD 李德印編著 350 元
8. 四十二式太極拳＋VCD 李德印編著 350 元
9. 16 式太極拳 18 式太極劍＋VCD 崔仲三著 350 元
10. 楊氏 28 式太極拳＋VCD 趙幼斌著 350 元
11. 楊式太極拳 40 式＋VCD 宗維潔編著 350 元
12. 陳式太極拳 56 式＋VCD 黃康輝等著 350 元
13. 吳式太極拳 45 式＋VCD 宗維潔編著 350 元
14. 精簡陳式太極拳 8 式、16 式 黃康輝編著 220 元
15. 精簡吳式太極拳<36 式拳架・推手> 柳恩久主編 220 元
16. 夕陽美功夫扇 李德印著 220 元

・國際武術競賽套路・大展編號 103

1. 長拳 李巧玲執筆 220 元
2. 劍術 程慧琨執筆 220 元
3. 刀術 劉同為執筆 220 元
4. 槍術 張躍寧執筆 220 元
5. 棍術 殷玉柱執筆 220 元

・簡化太極拳・大展編號 104

1. 陳式太極拳十三式 陳正雷編著 200 元

國家圖書館出版品預行編目資料

再生醫療的構造與未來／才園哲人著，施聖茹譯
－初版－臺北市，品冠，民 94
面；21 公分－（熱門新知；8）
譯自：再生醫療の仕組みと未來
ISBN 957-468-372-9（平裝）
1.遺傳工程　2.生物技術　3.細胞

363.019　　　　　94002455

SAKKUTO WAKARU SAISEI IRYOU NO SHIKUMI TO MIRAI

Originally published in Japan in 2001 by KANKI PUBLISHING INC.
Chinese translation rights arranged through TOHAN CORPORATION,
TOKYO.,
and Keio Cultural Enterprise Co., Ltd.

版權仲介／京王文化事業有限公司

再生醫療的構造與未來　ISBN 957-468-372-9

著　　者／才園哲人
譯　　者／施聖茹
發 行 人／蔡孟甫
出 版 者／品冠文化出版社
社　　址／台北市北投區（石牌）致遠一路 2 段 12 巷 1 號
電　　話／（02）28233123・28236031・28236033
傳　　真／（02）28272069
郵政劃撥／19346241（品冠）
網　　址／www.dah-jaan.com.tw
E-mail／dah_jaan @pchome.com.tw
承 印 者／高星印刷品行
裝　　訂／建鑫印刷裝訂有限公司
排 版 者／千兵企業有限公司
初版1刷／2005 年（民 94 年）5月

定　價／230 元